Funmilola Omolara Tenabe
Olawale Emmanuel Olayide

Efeito do VCDP do FIDA no bem-estar dos pequenos agricultores na Nigéria

Funmilola Omolara Tenabe
Olawale Emmanuel Olayide

Efeito do VCDP do FIDA no bem-estar dos pequenos agricultores na Nigéria

Efeito do Programa de Desenvolvimento da Cadeia de Valor do FIDA no bem-estar dos pequenos agricultores de arroz e mandioca no Estado de Anambra

ScienciaScripts

Imprint
Any brand names and product names mentioned in this book are subject to trademark, brand or patent protection and are trademarks or registered trademarks of their respective holders. The use of brand names, product names, common names, trade names, product descriptions etc. even without a particular marking in this work is in no way to be construed to mean that such names may be regarded as unrestricted in respect of trademark and brand protection legislation and could thus be used by anyone.

Cover image: www.ingimage.com

This book is a translation from the original published under ISBN 978-613-8-50227-2.

Publisher:
Sciencia Scripts
is a trademark of
Dodo Books Indian Ocean Ltd. and OmniScriptum S.R.L publishing group

120 High Road, East Finchley, London, N2 9ED, United Kingdom
Str. Armeneasca 28/1, office 1, Chisinau MD-2012, Republic of Moldova, Europe
Printed at: see last page
ISBN: 978-620-8-16628-1

Índice

Resumo

O principal objetivo deste estudo foi determinar o efeito do VCDP no bem-estar dos pequenos agricultores (rendimento e outros serviços). O Programa de Desenvolvimento da Cadeia de Valor está em linha com a visão do governo para o desenvolvimento agrícola e centra-se no apoio aos pequenos agricultores de mandioca e arroz no Estado de Anambra, reforçando as organizações de agricultores através do desenvolvimento das suas capacidades para tirar partido das oportunidades de mercado existentes e ultrapassar os constrangimentos ao longo da cadeia de valor. Partiu-se da hipótese de que a disponibilidade de recursos e o reforço da produção local de arroz e mandioca através do VCDP aumentariam o rendimento e o nível de rendimento dos pequenos agricultores.

Os dados primários foram recolhidos através de questionários bem estruturados. Um total de 358 inquiridos foi selecionado aleatoriamente e entrevistado. A análise dos dados envolveu a utilização de estatísticas descritivas (médias e frequências) e estatísticas inferenciais (análise de variância).

Os resultados mostram que, antes do VCDP, o rendimento médio do arroz era de 2,9 toneladas por hectare e, no ano passado, o rendimento médio do arroz era de 5,1 toneladas por hectare, enquanto o rendimento médio da mandioca antes do VCDP era de 9,3 toneladas por hectare e de 17,3 toneladas por hectare no ano passado. O rendimento médio anual dos produtores de arroz antes do VCDP era de N298 530,00 e de N758 583,00 no ano passado, enquanto a média dos produtores de mandioca antes do VCDP era de N243 510,00 e de N563 723,00 no ano passado. O rendimento médio anual de todos os inquiridos antes do VCDP era de N284 083,00 e de N704 469,00 no ano passado.

Desde o seu envolvimento no VCDP, registaram-se mais de 90% de melhorias no rendimento, nas poupanças do agregado familiar, na obtenção de lucros, nas culturas cultivadas, no acesso à informação sobre o mercado, nos serviços de formação e na receção de serviços de extensão. Mais de 70% de melhorias na qualidade da unidade de habitação, maquinaria agrícola e meios de transporte, mais de 60% de melhorias no custo do transporte e no acesso a infra-estruturas de mercado e mais de 50% de melhorias na dimensão da unidade de habitação, activos comerciais, meios de transporte, dimensão/número de propriedades fundiárias e aparelhos eléctricos dos beneficiários do programa.

Os resultados mostraram que o VCDP contribuiu significativamente para a melhoria do bem-estar económico dos pequenos agricultores de arroz e mandioca no Estado de Anambra. O Estado contribuiu para o nível de autossuficiência na produção de arroz e para a política de diversificação económica do Governo Federal da Nigéria.

As recomendações centraram-se nas estratégias para melhorar o CVDP no Estado de Anambra, tais como o acesso ao crédito, a entrega atempada de factores de produção, a criação de mais centros de resgate, melhores estradas de acesso e a participação dos jovens

Palavras chave: Cadeia de valor, Produtividade, Bem-estar económico, Empoderamento.

ACRÓNIMOS

ADPs - Agricultural development programmes

ANSVCDP - Anambra State Value Chain Development Programme

ATA - Agricultural Transformation Agenda

CESDEV - Centre for Sustainable Development

COSOP - Country Strategic Opportunities Programme

CPE - Country Programme Evaluation

FAO - Food and Agriculture Organisation

FGD - Focus Group Discussion

FGN - Federal Government of Nigeria

FMARD - Federal Ministry of Agriculture and Rural Development

FOs- Farmer Organizations

IFAD- International Fund for Agricultural Development

LGAs- Local Government Areas

NAIP - National Agricultural Investment Plan

SDGs – Sustainable Development Goals

SPSS - Statistical Package for Social Sciences

UNs- United Nations

VCDP- Value Chain Development Programme

CAPÍTULO 1

INTRODUÇÃO

1.1 Antecedentes do estudo

O Programa de Desenvolvimento da Cadeia de Valor (VCDP) do Fundo Internacional para o Desenvolvimento Agrícola (FIDA) na Nigéria adopta uma abordagem holística e orientada para a procura para dirigir os esforços para as limitações ao longo das cadeias de valor do arroz e da mandioca. Fá-lo, graças a uma estratégia inclusiva, reforçando e assegurando a capacidade dos actores ao longo da cadeia, incluindo produtores, transformadores, instituições públicas e privadas, prestadores de serviços, decisores políticos e reguladores (FIDA, 2012)

Simultaneamente, o programa dá grande ênfase à expansão dos Planos de Ação da Cadeia de Valor específicos para os produtos de base a nível da administração local, que servem de base para o lançamento de actividades sustentáveis destinadas a reduzir a pobreza e a aumentar o crescimento económico. O objetivo é melhorar de forma sustentável os rendimentos rurais e a segurança alimentar. O objetivo inclui 15.000 famílias de pequenos agricultores, 1.680 transformadores e 800 comerciantes (FIDA, 2012).

O programa centra-se em:

- Aumentar os mercados agrícolas e alargar o acesso ao mercado para os pequenos agricultores e as pequenas e médias empresas de transformação de produtos agrícolas
- Melhoria da produtividade dos pequenos agricultores, aumentando assim o volume e a qualidade dos produtos comercializáveis, através do reforço das organizações de agricultores e do apoio à produção dos pequenos agricultores.

O apoio do FIDA ao programa de redução da pobreza do Governo nigeriano nas zonas rurais visa um grande número de pequenos agricultores e está essencialmente centrado nas pessoas. O FIDA apoia programas e projectos que trabalham com comunidades, sendo os pequenos agricultores os principais intervenientes.

O Programa de Desenvolvimento da Cadeia de Valor surgiu do Programa de Oportunidades Estratégicas para o País (COSOP) do FIDA, que abrange o período de 2010-2015. Este COSOP baseou-se nas recomendações da Avaliação do Programa Nacional (CPE) realizada em 2008/2009 abril de 2009 pelo Governo Federal da Nigéria (FGN) e pelo FIDA. A CPE recomendou que se concentrassem as futuras intervenções do FIDA na agricultura, com ênfase no aumento da produtividade e no acesso ao mercado (FIDA, 2013).

A conceção do VCDP é coerente com as recomendações da CPE e baseia-se nas intervenções em curso na cadeia de valor (CV) apoiadas pelo Governo, pelos parceiros de desenvolvimento (PD) e pelo sector privado na Nigéria. O VCDP está totalmente alinhado com a Estratégia Nacional de Agricultura e Segurança Alimentar, a Política Nacional de Desenvolvimento Rural Integrado/Estratégia Sectorial de Desenvolvimento

Rural e o Plano Nacional de Investimento Agrícola (NAIP) do Governo da Nigéria.

O programa é coerente com a Agenda de Transformação Agrícola (ATA), a visão para o desenvolvimento agrícola definida pelo novo Governo, que visa desenvolver o sector agrícola através de uma abordagem da cadeia de valor dos produtos de base. Em conformidade com o COSOP em curso, o programa centrar-se-á em dois dos produtos de base prioritários identificados na ATA, a mandioca e o arroz, a fim de tirar partido das oportunidades de mercado existentes e de abordar os condicionalismos ao longo da cadeia de valor. Com base na recomendação da CPE, o programa centrará a sua intervenção em seis dos 36 estados do país, a fim de aumentar o impacto e a aprendizagem com vista a uma possível expansão.

Os objectivos são capacitar as populações rurais pobres, especialmente as mulheres, através do aumento do acesso a recursos, infra-estruturas e serviços; e promover a gestão adequada da terra, da água e da propriedade pública pelas comunidades locais, ajudando a ultrapassar a degradação ambiental. Os programas e projectos apoiados pelo FIDA tratam de questões como a erosão e a perda de fertilidade do solo, bem como a gestão dos recursos naturais da zona costeira.

Desde 1985, o FIDA financiou nove programas e projectos na Nigéria, com um compromisso total de empréstimo de mais de 232,2 milhões de dólares. O país atrai atualmente mais de 40 por cento dos recursos financeiros que o FIDA atribui à África Ocidental e Central. Todos os projectos e programas se centraram nas necessidades de subsistência das populações rurais pobres, incluindo: pequenos agricultores, mulheres, proprietários de pequenas empresas, comunidades piscatórias pobres, jovens e pessoas sem terra.

O FIDA também promove intervenções baseadas em produtos de base que prestam apoio técnico e financeiro ao longo de várias cadeias de valor - tais como produtos pecuários, arroz e outros cereais, raízes e tubérculos, produtos hortícolas e produtos agro-florestais.

1. 2Declaração do problema

A Nigéria representa aproximadamente um sexto da população africana. A agricultura é responsável por 88% das receitas em divisas não petrolíferas e emprega cerca de 60 a 70% da mão de obra ativa do país, sendo um importante contribuinte para o Produto Interno Bruto (PIB) (FGN, 2001; Akinyosoye, 2005). Além disso, de acordo com o Relatório sobre o Desenvolvimento Mundial de 2008, a economia nigeriana baseia-se na agricultura, uma vez que esta constitui, em média, mais de 32% do crescimento do PIB e que a maioria da sua população se encontra na zona rural.

O sector agrícola é uma parte muito importante da economia nigeriana, pois fornece uma base de recursos socioeconómicos para sair da pobreza generalizada e transformar a economia. No entanto, com os desafios colocados pelas alterações climáticas através da variabilidade da precipitação, os meios de subsistência agrícolas e o estatuto de pobreza da população podem ser ameaçados devido ao contexto de vulnerabilidade do país (Olayide & Alabi, 2018).

A agricultura é simultaneamente uma atividade económica e uma fonte de subsistência do sector rural na Nigéria. Para além de ser o maior produtor de exportações não petrolíferas, o maior empregador de mão de obra e o principal contribuinte para a criação de riqueza, o sector agrícola é a base de onde uma grande percentagem da população retira o seu rendimento (CBN/NISER, 1992; NBS, 2007; Falusi, 2007)

O aumento da produção agrícola promove os rendimentos rurais agrícolas que, por sua vez, aumentam o bem-estar rural (rendimento agrícola per capita) nas economias em desenvolvimento (Banco Mundial, 2008). Muitos agregados familiares na Nigéria, especialmente nas zonas rurais, não podem comprar os insumos agrícolas necessários ou implementar tais como fertilizantes, pesticidas e sementes melhoradas, que provocam aumentos na produtividade e, consequentemente, aumentam o rendimento dos agregados familiares e que irão afetar proactivamente o bem-estar socioeconómico do agregado familiar de forma positiva (Ukoha et.al, 2007). Um grande número de agricultores na Nigéria, tanto nas zonas rurais como urbanas, opera a nível de subsistência e de pequenas empresas.

O aumento da produtividade agrícola é essencial em todo o mundo para alimentar as pessoas que passam fome em todo o mundo. A produtividade agrícola é baixa na Nigéria em comparação com outras regiões em desenvolvimento como o Sul da Ásia e a América Latina (ECG, 2011). Por exemplo, um agricultor médio na Nigéria recebe um máximo de 2 toneladas métricas de cereais por hectare, enquanto um agricultor indiano recebe o dobro, um agricultor chinês recebe quatro vezes mais e um agricultor americano recebe cinco vezes mais do que um agricultor médio na Nigéria recebe (AfDB-IFAD, 2010).

Para aumentar a produtividade agrícola na Nigéria, é necessário conhecer os obstáculos à produção agrícola, bem como o crescimento da produtividade na agricultura. Os direitos limitados à terra, o acesso inadequado à água, o acesso insuficiente ao crédito, as estradas rurais e as infra-estruturas de transporte subdesenvolvidas, o apoio restrito ao mercado, as actividades de agro-negócio desfavorecidas e o subinvestimento em investigação e extensão, etc., são alguns dos principais obstáculos à produtividade agrícola (IEG 2010).

De acordo com Norton (2014), os agricultores poderiam expandir os seus lucros de mercados potenciais se fossem encontradas soluções para questões da cadeia de valor, tais como:

1. má qualidade das sementes e variedades inadequadas para as diferentes utilizações.

2) Produto de qualidade inferior no momento da colheita, com grãos de tamanho e coloração não homogéneos.

3. técnicas de debulha inadequadas e secagem e armazenamento pós-colheita, que reduzem a quantidade e a qualidade do mercado.

4. classificação inadequada.

5. insuficiente desenvolvimento do mercado e comunicação com os mercados relativamente às variedades e à qualidade do produto desejado.

6. formação e financiamento inadequados para uma melhor gestão pós-colheita.

1.3 Justificação do estudo

O apoio do Fundo Internacional de Desenvolvimento Agrícola ao programa de redução da pobreza do Governo Federal da Nigéria nas zonas rurais visa um grande número de pequenos agricultores. Os pequenos agricultores (aqueles que cultivam menos de cinco hectares de terra) produzem cerca de 90 por cento da produção nacional total. Embora o país tenha registado um crescimento nos últimos cinco anos, a pobreza rural continua a prevalecer, com dois terços da população rural a viver no limiar da pobreza ou abaixo dele. O país gasta cerca de 3 mil milhões de dólares por ano em importações de arroz (FIDA, 2013).

O programa dá grande ênfase ao desenvolvimento de Planos de Ação para a Cadeia de Valor específicos para cada produto a nível do governo local, que servem de base para o lançamento de actividades sustentáveis destinadas a reduzir a pobreza e a acelerar o crescimento económico.

Um dos principais problemas enfrentados pela maioria dos projectos agrícolas financiados é a não realização do objetivo ou meta (Giller et.al. 2009). Este facto pode ser atribuído ao desvio de insumos para outros fins, a estratégias de implementação deficientes e à incoerência política. A insegurança alimentar continua a ser um problema geral, apesar dos numerosos programas agrícolas.

Tendo em conta o que precede, é necessário realizar uma investigação para avaliar se o programa de desenvolvimento da cadeia de valor do FIDA está efetivamente a melhorar o bem-estar dos pequenos agricultores do Estado.

1. 4Questões de investigação

O estudo procura dar resposta às seguintes questões de investigação:

1) Qual é o nível de produtividade dos beneficiários?
2) Houve melhorias no nível de rendimento e no património físico e financeiro dos beneficiários?
3) Registaram-se melhorias no acesso dos beneficiários ao mercado e aos serviços sociais dos beneficiários?
4) Qual é o nível de capacitação dos beneficiários?

1.5Objectivos do estudo

O principal objetivo do estudo é determinar o efeito do IFAD-VCDP no nível de vida geral dos pequenos agricultores do Estado de Anambra. O estudo incidirá especificamente sobre

1. avaliar o nível de produtividade dos beneficiários.
2. avaliar o nível de rendimento e os activos físicos e financeiros dos beneficiários.
3. avaliar o acesso dos beneficiários ao mercado e aos serviços sociais.
4. determinar o nível de capacitação dos beneficiários.

1. 6Hipótese de investigação

A fim de atingir os objectivos do estudo, foram testadas as seguintes hipóteses:

Primeira hipótese

a. Hipótese nula (H0): Não há diferença significativa no nível de rendimento dos beneficiários antes e durante o programa de desenvolvimento da cadeia de valor.

b. Hipótese alternativa (Ha): Existe uma diferença significativa no nível de rendimento dos beneficiários antes e durante o programa de desenvolvimento da cadeia de valor.

Hipótese dois

a. Hipótese nula (H0): Não há diferença significativa no rendimento dos beneficiários antes e durante o programa de desenvolvimento da cadeia de valor.
b. Hipótese alternativa (Ha): Existe uma diferença significativa no rendimento dos beneficiários antes e durante o programa de desenvolvimento da cadeia de valor.

1.7Definição de conceitos

Cadeia de valor: De acordo com a GTZ (Agência Alemã de Cooperação Técnica) 2008, uma cadeia de valor é um sistema económico que envolve um determinado produto comercial com foco na adição de valor ao longo de uma sequência de actividades de fornecimento de insumos, produção, transformação, marketing e consumo, o seu foco também pode ser o grau de colaboração e coordenação entre os operadores da cadeia de valor ou empresas, ou o modelo de negócio para um determinado produto comercial.

Bem-estar: De acordo com o Business Dictionary, o bem-estar é a disponibilidade de recursos e a presença de condições necessárias para uma vida confortável, saudável e segura.

Cinco domínios de empoderamento: De acordo com Alkire et al. (2013), o índice dos cinco domínios do empoderamento (5DE) avalia o empoderamento em cinco áreas gerais, ou domínios:

1. tomada de decisões em matéria de produção: Poder de decisão, individual ou conjunto, sobre a produção de géneros alimentícios ou de culturas de rendimento, a pecuária e a pesca, bem como autonomia na produção agrícola.

2. acesso aos recursos produtivos: Propriedade, acesso e poder de decisão sobre recursos produtivos, tais como terra, gado, equipamento agrícola, bens de consumo duradouros e crédito.

3. Rendimento: Controlo exclusivo ou conjunto das receitas e despesas.

4. liderança comunitária: Participação em grupos económicos ou sociais e à vontade para falar em público.

5. Tempo: Atribuição de tempo a tarefas produtivas e domésticas, e satisfação com o tempo disponível para actividades de lazer (IFPRI, USAID e OPHI 2012).

1.8Limitações do estudo

A investigação foi realizada com uma cooperação substancial dos inquiridos, devido ao facto de serem beneficiários do programa, mas a barreira linguística era significativa. Esta foi ultrapassada com o recurso a intérpretes. A integridade dos enumeradores foi um desafio que foi ultrapassado com a revisão diária dos comentários dos inquiridos.

CAPÍTULO 2

REVISÃO DA LITERATURA

2. 1Revisão teórica e concetual

2.1. 1Desenvolvimento da cadeia de valor

Uma cadeia de valor é um conjunto de actividades relacionadas que trabalham em conjunto para acrescentar valor a um produto; consiste em acções e actores que melhoram um produto, ao mesmo tempo que ligam os produtores de mercadorias aos transformadores e aos mercados. As cadeias de valor funcionam melhor quando os seus actores trabalham em conjunto para produzir produtos de maior qualidade e gerar mais rendimentos para todos os participantes ao longo da cadeia, ao contrário dos tipos mais simples de cadeias de valor, em que os produtores e os compradores comunicam apenas informações sobre os preços - muitas vezes de forma contraditória (Norton, 2014).

Uma cadeia de valor envolve o fluxo de produtos, conhecimento e informação, finanças, pagamentos e o capital social necessário para organizar comunidades e produtores. A informação é especialmente importante para todos os actores da cadeia de valor e flui em duas direcções: os mercados informam os produtores sobre as necessidades de preço, quantidade e qualidade, o manuseamento do produto e as opções tecnológicas, enquanto os produtores alertam os transformadores e os mercados sobre as quantidades de produção, os locais, o calendário e as questões de produção. Numa cadeia de valor, os transformadores e os agentes de comercialização podem fornecer aos produtores insumos, financiamento e formação em tecnologias de produção (Meethal, 2012).

As cadeias de valor podem incluir um vasto leque de actividades e uma cadeia de valor agrícola pode incluir: desenvolvimento e circulação de material genético vegetal e animal, fornecimento de factores de produção, produção agrícola, organização dos agricultores, manuseamento pós-colheita, transformação, fornecimento de tecnologias de produção e manuseamento, critérios e instalações de classificação, tecnologias de refrigeração e embalagem, transformação local pós-colheita, transformação industrial, armazenamento, financiamento, transporte e feedback dos mercados.

Um método de cadeia de valor no desenvolvimento agrícola ajuda a identificar os pontos fracos da cadeia e as acções para acrescentar mais valor. Encontrar formas de melhorar as cadeias de valor pode ser muito importante para aumentar os rendimentos dos pequenos agricultores. Na ausência de ligações ao mercado, estes estão condenados a produzir apenas para subsistência - melhores mercados podem tirá-los da pobreza.

A integração dos pequenos produtores no mercado é condicionada por uma série de factores: pequena dimensão, acesso limitado a recursos, informação, competências, tecnologia e acesso a outros serviços empresariais. A integração dos pequenos produtores no mercado de elevado valor é um tema de interesse atual. O sistema da cadeia de valor é geralmente utilizado como um instrumento para facilitar este processo de integração no mercado. Ao contrário das abordagens tradicionais de desenvolvimento de empresas, o desenvolvimento da cadeia de valor coloca a tónica na facilitação das ligações de mercado, no desenvolvimento do mercado de serviços empresariais e na melhoria do ambiente em que as empresas operam.

A agricultura desempenha um papel muito importante na segurança alimentar e no desenvolvimento económico. A maior parte da população mundial das zonas rurais depende direta ou indiretamente da agricultura para a sua subsistência. No entanto, à medida que a população mundial aumenta e a migração para as cidades se intensifica, a proporção de pessoas que não produzem alimentos irá aumentar (Cardno, 2017). De acordo com Nwachukwu (2008), o desenvolvimento agrícola é uma atividade multissectorial que promove e apoia mudanças positivas nas zonas rurais e urbanas. No entanto, os principais objectivos do desenvolvimento agrícola são a melhoria do bem-estar material e social da população. O desenvolvimento agrícola é, portanto, visto como sinónimo de desenvolvimento rural, estando os dois termos intrinsecamente relacionados, mas diferentes. O desenvolvimento agrícola faz parte do desenvolvimento rural porque as zonas rurais não se podem desenvolver sem que a sua agricultura seja desenvolvida, uma vez que cerca de 90% dos habitantes das zonas rurais se dedicam a práticas agrícolas como principal fonte de rendimento.

A Nigéria, enquanto país, procura transformar-se numa economia líder em África e num ator importante nos assuntos económicos e políticos mundiais, sendo o plano 20-20-20 a sua orientação. A Nigéria precisa de acelerar o seu crescimento económico, concentrando-se em sectores económicos vitais como a educação, a energia, a agricultura e a indústria transformadora para se tornar uma nação desenvolvida (Udemezue & Osegbue, 2018). A melhor abordagem é concentrar-se no sector agrícola nesta fase do desenvolvimento da Nigéria. Omorogiuwa et.al (2014) afirma que, ao concentrar-se no desenvolvimento agrícola, a Nigéria pode acelerar o seu crescimento económico na próxima década.

O aumento a longo prazo da capacidade de um país para fornecer bens económicos cada vez mais diversificados à sua população é considerado como crescimento económico. Implica também um aumento sustentável da produção nacional com uma manifestação de crescimento económico (Researchclue.com, 2013). Assim, o papel da agricultura na transformação do quadro social e económico de uma economia não pode ser subestimado. Tem sido a origem de emprego remunerado a partir do qual a nação pode alimentar a sua população em formação, uma fonte fiável de receitas governamentais e o fornecimento de matérias-primas locais às indústrias do país.

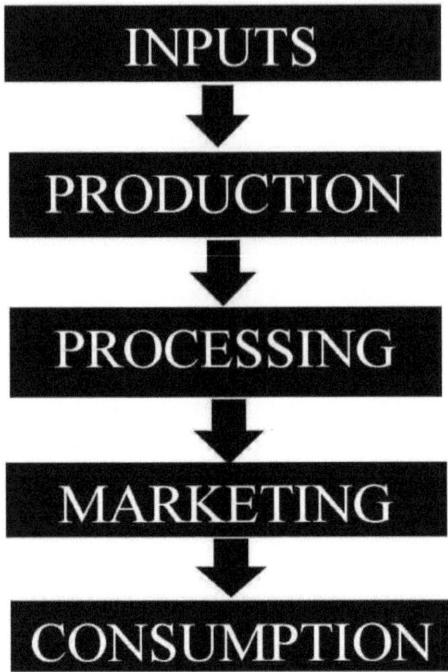

Figura 1: Visão geral da cadeia de valor

2.1.2 Análise do bem-estar

O Welfare (estado de bem-estar) é definido em termos do nível de utilidade atingido por um determinado indivíduo. Este nível é função dos bens e serviços que ele consome. Trata-se de uma abordagem "welfarista" do bem-estar, uma vez que é dada maior importância à perceção do indivíduo sobre o que é considerado útil para si. Em particular, os planeadores favorecem geralmente uma alimentação adequada, cuidados de saúde, melhor acesso à educação, água potável, etc. (Ravallion, 2000). Segundo Ukoha et al. (2007), o principal objetivo do desenvolvimento rural consiste em aumentar os rendimentos e as produções, bem como os activos existentes, a fim de melhorar o bem-estar da população rural na sua totalidade.

A teoria de base da análise do impacto do desenvolvimento agrícola e rural baseia-se na optimalidade e suboptimalidade das posições de desenvolvimento (Akinyosoye, 2005) e no desenvolvimento que responde aos desafios futuros através do desenvolvimento sustentável (DFID, 2001). A análise do impacto do desenvolvimento agrícola e rural é, portanto, a análise do que mudou (no tempo e no espaço) em termos de produção agrícola e de bem-estar rural. Neste contexto, o bem-estar rural refere-se ao rendimento agrícola per capita ao longo do tempo (Okoruwa e Oni, 2002; Akinyosoye, 2005; Oyekale, 2008; Giovanni et al., 2009).

A melhoria da produção agrícola e do bem-estar rural são precursores de um desenvolvimento agrícola e rural sustentável (DFID, 2001 e Banco Mundial, 2008).

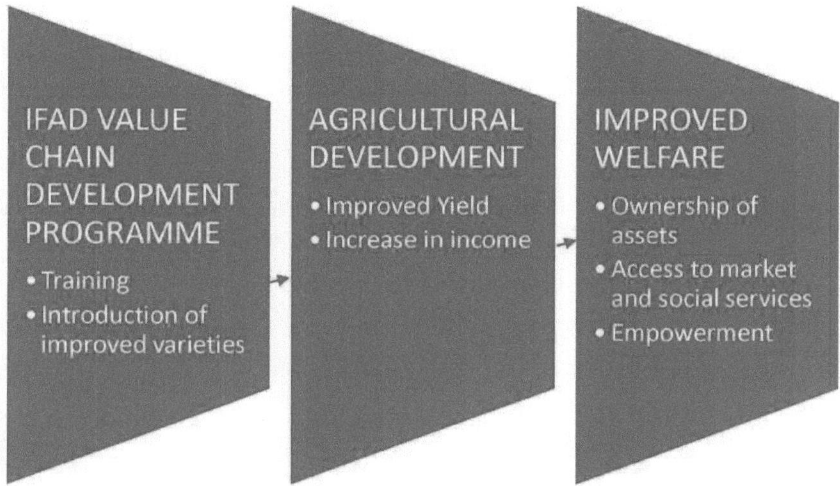

Figura 2: Quadro concetual

Fonte: Conceptualização do autor

2. 2Revisão metodológica

Medidas de produtividade na agricultura

A produtividade agrícola é a medida da quantidade de produção agrícola produzida para uma determinada quantidade de factores de produção ou um conjunto de factores de produção (Mozumdar, 2012). Existem diferentes formas de definir e medir a produtividade. Por exemplo, de acordo com Wiebe (2003), a quantidade de produção por unidade de insumo (como toneladas de trigo por acre de terra), ou um índice de numerosas produções dividido por um índice de numerosos insumos As quantidades de produção em relação à quantidade de insumos são as medidas convencionais de produtividade. A produtividade mantém-se inalterada se a produção aumentar ao mesmo ritmo que os factores de produção. Por outro lado, a produtividade é positiva se a taxa de crescimento da produção exceder a taxa de crescimento da utilização dos factores de produção.

São frequentemente utilizadas duas medidas. A primeira, a medida da produtividade parcial dos factores, indica a quantidade de produção por unidade de um determinado fator de produção, como a terra ou a mão de obra, e a segunda, a medida da produtividade total dos factores. As medidas parciais mais frequentemente utilizadas são a produtividade da terra, ou seja, o rendimento ou a produção por unidade de terra, e a produtividade da mão de obra, ou seja, a produção por pessoa economicamente ativa (PEA) ou por pessoa-hora agrícola (Zepeda, 2001). Por vezes, a indicação de medidas parciais de produtividade não é suficientemente clara para mostrar por que razão a produção está a mudar. Isto deve-se ao facto de diferentes factores serem responsáveis pela alteração da produtividade, por exemplo, a produtividade da terra ou do trabalho pode aumentar devido a uma melhor e maior utilização de fertilizantes, de motocultivadores e da utilização de variedades de elevado rendimento (HYV).

Para evitar este tipo de problemas, é preferível medir a produtividade total dos factores (PTF) para ter em conta a produtividade agrícola exacta. Assim, a medida da produtividade multifatorial ou total dos factores indica a produção total em relação a uma métrica mais abrangente de todos os factores de produção mensuráveis, incluindo a terra, a mão de obra, o capital, o gado, os fertilizantes químicos, os pesticidas e outros factores de produção adquiridos (Alston et al., 2009).

2. 3Revisão empírica

Existem alguns estudos empíricos que identificam os factores que explicam a existência de bem-estar das famílias. Por exemplo, Adams e Paje (2003) sugerem que o microcrédito tem um impacto positivo significativo no bem-estar, na produção, na igualdade de rendimentos e na redução da pobreza. Kabber (2001) observou que o impacto positivo do microcrédito ultrapassa a dimensão da capacitação económica, utilizando os critérios de avaliação do impacto; concluíram que o microcrédito teve um impacto positivo nos activos dos beneficiários, na propriedade, na consciência política e na tomada de decisões conjuntas.
O programa de bem-estar dos agregados familiares tem por objetivo proporcionar um nível básico de rendimento às pessoas que estão financeiramente incapacitadas para se sustentarem. A ideia é que tanto os agregados familiares rurais como os urbanos precisam de capital para aumentar o seu rácio produtividade/produção, a fim de reduzir a pobreza e o baixo nível de bem-estar dos agregados familiares para um nível máximo na sociedade. Quartey (2005) constatou que a dotação de activos físicos influencia o bem-estar das famílias. As variáveis de activos físicos identificadas incluem terra, gado, equipamento agrícola e activos não agrícolas.

Estudos anteriores sobre o bem-estar indicaram o microcrédito, os activos humanos, o rendimento do agregado familiar e a escala de negócios do agregado familiar como factores que explicam o bem-estar dos agregados familiares (Ukoha et al, 2007). A maioria dos investigadores tem dado atenção à função dos factores de produção convencionais, como a terra, a mão de obra, a água, os fertilizantes químicos e o capital físico, etc., na explicação do crescimento da produtividade (Lachaal, 1994). Para além dos factores acima referidos, o papel do capital humano, a investigação e o desenvolvimento tecnológico ou a transferência de tecnologia, o investimento público na investigação agrícola, os serviços de extensão e o desenvolvimento de infra-estruturas, a gestão sustentável dos recursos naturais, a reforma das políticas e a estabilidade política, etc., são também estratégias importantes e estão estreitamente ligados à produtividade agrícola (Auraujo et al., 1997).

A partir da análise intensiva da literatura e do caso da África Subsariana, constata-se que a maioria dos governos e das agências doadoras dá mais ênfase ao aumento dos factores de produção convencionais, mas um investimento suficiente em factores de produção não convencionais, como o investimento em investigação e desenvolvimento agrícola, é igualmente importante. Os retornos do investimento em investigação e desenvolvimento são mais elevados do que o apoio a quaisquer outros factores de produção (Evenson e McKinsey, 1991; Pardey e Alston, 2010) e podem fornecer tecnologia adequada a cada região específica.

Por último, pode concluir-se que o aumento da produtividade agrícola pode contribuir para o crescimento económico global, melhorando a disponibilidade de alimentos, que é o primeiro e principal passo da segurança alimentar. Por conseguinte, os governos dos países em desenvolvimento com défice alimentar devem reformar as políticas agrícolas tradicionais e formular novas políticas adequadas que dêem ênfase aos factores de produção não convencionais susceptíveis de os levar a aumentar a capacidade de produção da agricultura através do crescimento da produtividade, melhorando assim a segurança alimentar. Isto deve-se ao facto de a agricultura proporcionar meios de subsistência a uma parte significativa da população dos países em desenvolvimento, sobretudo nas zonas rurais e agrárias, onde a pobreza é mais proeminente (Olaniyi, 2011).

2.4Revisão do Programa de Desenvolvimento da Cadeia de Valor, Estado de Anambra, Nigéria

O VCDP do FIDA no Estado de Anambra é cofinanciado pelo Governo Federal da Nigéria, pelo Governo do Estado de Anambra (ANSG), pelos cinco Conselhos Governamentais Locais participantes e pelas Comunidades/Grupos de Interesse de Produtos (CIGs) (ANSVCDP, 2018)

Os grupos-alvo selecionados para o programa de adição de valor são categorizados em dois;

Grupo-alvo principal

i. Famílias rurais pobres envolvidas na cadeia de valor da mandioca e do arroz (não mais de 5ha).

ii. Transformadores de pequena escala (capacidade de transformação de 2mt/dia para mandioca e 4mt/dia para arroz.

iii. comerciantes (com um volume razoável de produtos) com ênfase nas mulheres e nos jovens.

Grupo-alvo secundário

i. Operadores a jusante ligados a um grande número de grupos-alvo primários.

ii. Conselhos da administração local

iii. Comunidades reforçadas para gerir de forma sustentável as infra-estruturas de comercialização apoiadas pelo programa

iv) Reforço dos operadores do sector privado para que possam prestar serviços de qualidade.

O CVPD do Estado de Anambra centra-se em três dimensões:

1. desenvolvimento do mercado agrícola
2 . Melhoria e produtividade dos pequenos agricultores: São organizadas acções de sensibilização para as partes interessadas e organizações de agricultores nas áreas da administração local
3. gestão e coordenação do programa (VCDP, 2015)

O VCDP do Estado de Anambra promove dois produtos de base: arroz e mandioca através de organizações de agricultores (produtores, transformadores e comerciantes). As LGAs participantes no estado de Anambra incluem: Anambra Leste, Anambra Oeste e Ayamelum (o primeiro nível começou em 2014-2015); e em 2016 foram incluídas Orumba Norte e Awka Norte.

De acordo com o Fundo Internacional para o Desenvolvimento Agrícola, 2013, a agricultura mundial tem de satisfazer o aumento estimado de 60 por cento da procura de alimentos até 2050, enfrentando simultaneamente os desafios colocados pela degradação dos recursos naturais e pelas alterações climáticas. A capacidade de África em matéria de investigação sobre o arroz e a mandioca é muito limitada e é conduzida principalmente por institutos de investigação nacionais, universidades e institutos de investigação internacionais. O desinteresse geral pela agricultura na década de 1990 conduziu a uma falta desesperada de capacidade a todos os níveis da cadeia de valor do arroz e da mandioca e a uma negligência grosseira da capacidade de investigação e extensão agrícola de África, o que compromete o progresso no desenvolvimento do sector agrícola africano. Tendo em conta estas realidades, é evidente que é imperativo investir na próxima geração de agricultores.

2.5 Produção de arroz na Nigéria

O arroz é um membro da família das gramíneas (Gramineae) e pertence ao género Oryza da tribo Oryzeae. O género Oryza inclui 20 espécies selvagens e 2 espécies cultivadas (cultigens). As espécies selvagens estão amplamente distribuídas nas regiões tropicais e subtropicais húmidas de África, Ásia, Austrália, América Central e do Sul. É uma planta anual que completa todo o seu ciclo de vida num ano. O cultivo do arroz é realizado em todas as regiões com o calor necessário e humidade abundante favorável ao seu crescimento, principalmente subtropical, em vez de quente ou frio (AfricaRice, 2011). O grão de arroz é composto por três camadas principais: a casca, ou película (uma camada exterior protetora e dura). A moagem do grão remove a casca. Por baixo da casca encontra-se a camada de farelo e de gérmen, que é uma fina camada de pele; esta camada dá ao arroz integral a sua cor. O arroz integral é a fração comestível do grão de arroz. O arroz branco é o arroz integral sem a camada de farelo e de gérmen. O interior do grão de arroz é o endosperma, que é duro e branco e contém muito amido (Kennedy, et.al, 2002).

A produção de arroz é predominante no país, estendendo-se das zonas norte a sul, com a maior parte do crescimento do arroz na cintura oriental e média da Nigéria (USDA/FAS, 2003). É um dos principais contribuintes para o comércio interno e sub-regional. O sector do arroz nigeriano registou uma evolução notável no último quarto de século. Desde meados da década de 1970, o consumo de arroz na Nigéria registou um enorme aumento, de cerca de 10% por ano, devido à evolução das preferências dos consumidores. Surgiu como um dos subsectores agrícolas de mais rápido crescimento, passando de alimento cerimonial a alimento básico em muitos lares. O arroz é considerado mais adaptável do que um alimento básico com muitos factores de produção, como o milho, onde a fertilidade do solo está em declínio, devido à enorme variedade de variedades que podem ser substituídas de poucos em poucos anos (Idiong et al., 2006).

A Nigéria é atualmente o maior produtor de arroz da África Ocidental, produzindo uma média de 4,2 milhões de toneladas de arroz em casca (2 milhões de toneladas de arroz branqueado) em 2,8 milhões de hectares de terras agrícolas (Emodi e Madukwe, 2008; Momoh, 2009). A Nigéria é também o maior país consumidor, com uma procura crescente que ascendeu a 4,1 milhões em 2002 e apenas cerca de metade dessa procura foi satisfeita pela produção interna (Departamento de Agricultura dos Estados Unidos e Serviço Agrícola Estrangeiro (USDA/FAS, 2003).

A área de terra para cultivo de arroz na Nigéria aumentou de 1,8 milhões de ha em 1995 para cerca de 2,72 milhões de ha em 2006, mas desceu para 1,8 milhões de ha em 2010. A produção aumentou de 2,92 milhões de toneladas em 1995 para 4,18 milhões de toneladas de arroz em casca em 2008, mas desceu para cerca de 3,22 milhões de toneladas em 2010 (Ricepedia, 2017). O aumento da procura de arroz é atribuído a uma mudança do consumidor dos produtos básicos tradicionais, como o inhame e o garri, para o arroz parboilizado importado. O arroz é produzido na Nigéria utilizando uma variedade de sistemas de produção de arroz e níveis tecnológicos que coexistem juntos, a produção envolve uma cadeia de actividades que vão desde a limpeza da terra até às actividades pós-colheita, como a peneiração, a debulha, entre outras, que estão a ser feitas por pequenos agricultores masculinos e femininos que utilizam métodos manuais tradicionais que se caracterizam por problemas de baixa produtividade e, consequentemente, meios de subsistência pobres (Banco Mundial, 2013). No entanto, o aumento da produção é insuficiente para acompanhar o aumento da taxa de consumo - com a importação de arroz a compensar o défice.

Além disso, o arroz local tem uma imagem de marketing muito fraca em comparação com o arroz importado. Tal deve-se ao manuseamento e à transformação pós-colheita do arroz local, que introduz corpos estranhos, o que os consumidores consideram inaceitável. Os consumidores não se sentem à vontade para apanhar pedras do arroz e lavá-lo várias vezes, enquanto o arroz parboilizado importado está limpo e isento de corpos estranhos. As importações de arroz representam aproximadamente um terço do abastecimento de arroz da Nigéria (Maji et.al, 2007).

Alguns dos tipos de arroz cultivados na Nigéria incluem o arroz africano, *Oryza glaberrima*; o arroz asiático, *O. sativa* e o arroz híbrido da WARDA; NERICA. A FARO 44 é uma variedade popular utilizada pelos agricultores porque é muito resistente às inundações. O quadro 1 mostra várias variedades de arroz e as suas caraterísticas.

Tabela 1: Variedades e caraterísticas do arroz

Variety	Old name	Ecology	Maturity period (days)	Yield (mt/ha)	Grain type	Reaction to blast
FARO 44	SIPI 692033	Irrigated And Rainfed lowland	100-120	4- 8	Long	Resistant
FARO 52	WITA 4	Irrigated And Rainfed lowland	120-130	4- 8	Long	Moderately Resistant
FARO 57	TOX 404	Irrigated And Rainfed lowland	120-130	4- 8	Long	Moderately Resistant
FARO 46	ITA 150	Upland	115-120	2-3.5	Medium	Resistant
FARO 55	NERICA 1	Upland	100-105	2-3	Medium	Resistant

Fonte: NCRI (Instituto Nacional de Investigação de Cereais), Badeggi, Programa de Investigação do Arroz

2.6 Produção de mandioca na Nigéria

Na Nigéria, a mandioca é uma cultura muito importante. É a cultura mais comum na parte sul do país em termos de número de agricultores que a cultivam e de área dedicada à mesma. A mandioca

é cultivado por quase todas as famílias. Nos últimos anos. A mandioca também ganhou importância na região da Faixa Média. Em muitos locais, a mandioca tornou-se muito popular como cultura alimentar e de rendimento e está a substituir rapidamente o inhame e outros produtos básicos tradicionais da região. Mais de quatro quintos da área cultivável na Nigéria são adequados para a cultura da mandioca (Relatório sobre a Estratégia de Desenvolvimento da Mandioca, 2015).

Os primeiros exploradores portugueses introduziram a mandioca (Manihot esculenta Crantz) na África Central a partir da América do Sul no século XVI. Foi provavelmente introduzida no sul da Nigéria por escravos emancipados, que regressavam ao país vindos da América do Sul através das ilhas de São Tomé e Fernando Pó. Nessa altura, existiam colónias portuguesas ao largo da costa da Nigéria. No entanto, a mandioca só se tornou importante no país quando foram introduzidas técnicas de transformação no final do século XIX, à medida que muitos mais escravos regressavam a casa (Adeniji et.al, 2005).

A mandioca é importante não só como cultura alimentar, mas sobretudo como fonte de rendimento para as famílias rurais. Atualmente, a Nigéria é o maior produtor de mandioca do mundo, com uma produção anual de mais de 34 milhões de toneladas de raízes tuberosas. Na Nigéria, a mandioca é consumida principalmente sob várias formas transformadas. A sua utilização na alimentação do gado e na indústria é bem conhecida, mas está a aumentar gradualmente, especialmente à medida que a substituição das importações se torna proeminente no sector industrial da economia. A mandioca gera rendimentos em dinheiro para o maior número de agregados familiares, enquanto cultura de rendimento, em comparação com outros produtos de base. É cultivada com insumos adquiridos com a mesma frequência e, nalguns casos, com mais frequência do que outros produtos de base. Uma grande parte da produção total, provavelmente maior do que a da maioria dos produtos de base, é plantada anualmente para venda.

Como cultura alimentar, a mandioca tem algumas caraterísticas naturais que a tornam atractiva, especialmente para os pequenos agricultores da Nigéria. Em primeiro lugar, é rica em hidratos de carbono, especialmente amido, e, consequentemente, tem diferentes utilizações finais. Em segundo lugar, está disponível durante todo o ano, o que a torna preferível a outras culturas mais sazonais, como os cereais, as ervilhas e os feijões e outras culturas para a segurança alimentar. A mandioca é mais tolerante à baixa fertilidade do solo do que os cereais e mais resistente à seca, às pragas e às doenças. Além disso, as suas raízes podem ser armazenadas no solo durante meses após a sua maturação. Estes atributos combinados com outras considerações socioeconómicas são o que o FIDA reconheceu na cultura como prestando-se a uma abordagem baseada em produtos para a redução da pobreza (FIDA, 2012). Os principais estados produtores de mandioca na Nigéria são: Anambra, Imo, Kogi, Enugu, Cross River, Ogun, Ondo, Taraba, Benue, Edo e Delta.

O quadro 2 apresenta diversas variedades de mandioca e as suas caraterísticas.

Quadro 2: Variedades e caraterísticas da mandioca

Cassava variety	Branching habit	Canopy development	Ecological adaptation	Pest and disease tolerance	Fresh root yield (tonnes/ha)	Garri yield (%)	Starch yield (%)	HCN in products (mg 100g)
TMS 90257	profuse	Moderate	Wide	high	43	23	23	15.5
TMS 84537	moderate	Sparse	Wide	high	35	18	27	6.3
TMS 82/00058	profuse	Moderate	Wide	high	35	21	26	6.4
TMS 82/00661	profuse	moderate	Wide	high	39		26	4.1
NR8212	profuse	moderate	Wide	high	27	25	21	high
NR 8082	profuse	Profuse	Wide	high	32	22	19	high
TMS 50395	moderate	moderate	Wide	moderate	36	24	12	high
TMS 30001	moderate	moderate	Wide	moderate	16	23	22	low
NR 8208	profuse	moderate	wide	moderate	26	25	23	high
NR 8083	profuse	moderate	wide	high	31	36	25	high
NR 83107	profuse	moderate	wide	high	22	22	19	high
TMS 8 1/00110	profuse	moderate	wide	high	28	24	25	4.5
TMS 91934	moderate	Sparse	wide	moderate	32	26	21	high
TMS 30572	profuse	Profuse	wide	moderate	27	25	24	750
TMS 4(2)1425	moderate	Profuse	savanna	moderate	26	25	22	31
TMS 30555	moderate	Profuse	wide	moderate	17	24	20	high
NR 41044	moderate	Profuse	forest	moderate	37	25	23	high

Fonte: FAO (Organização das Nações Unidas para a Alimentação e a Agricultura)

CAPÍTULO 3

METODOLOGIA

3. 1Área de estudo

Anambra é o oitavo estado mais populoso da República Federal da Nigéria e o segundo estado mais densamente povoado da Nigéria, a seguir ao estado de Lagos. O troço de mais de 45 km entre as cidades de Oba e Amorka contém um conjunto de numerosas aldeias e pequenas cidades densamente povoadas, dando à área uma densidade média estimada de 1.500-2.000 pessoas por quilómetro quadrado. Anambra tem um solo quase 100 por cento arável. O Estado de Anambra tem muitos outros recursos em termos de actividades agrícolas, como a pesca e a agricultura, bem como terras cultivadas para pastagem e criação de animais. Tem a taxa de pobreza mais baixa da Nigéria (FAF, 2011).

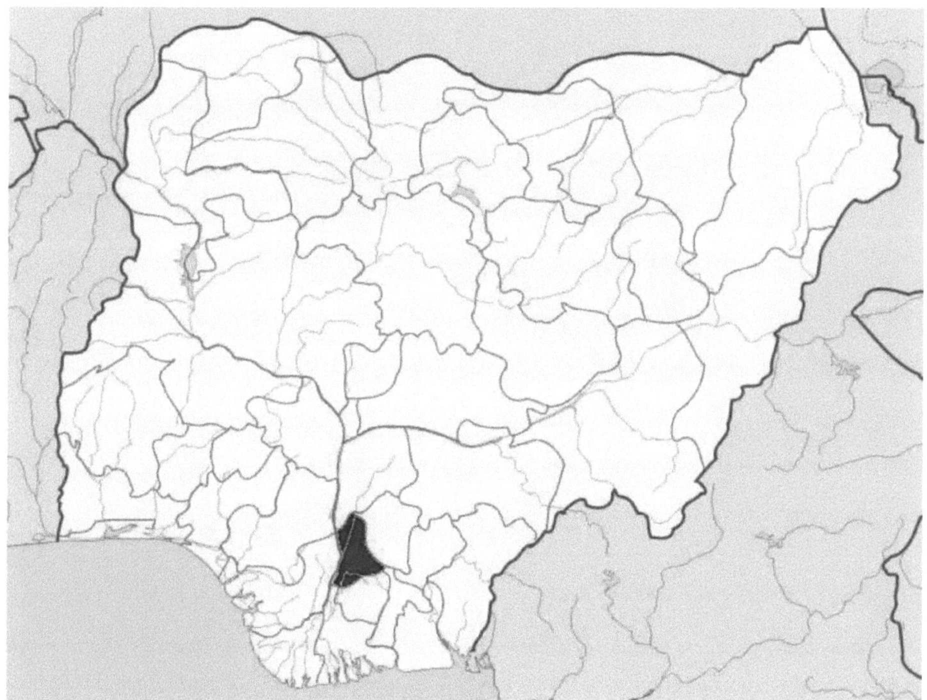

Figura 3: Mapa da Nigéria mostrando o Estado de Anambra

Fonte: Google.com

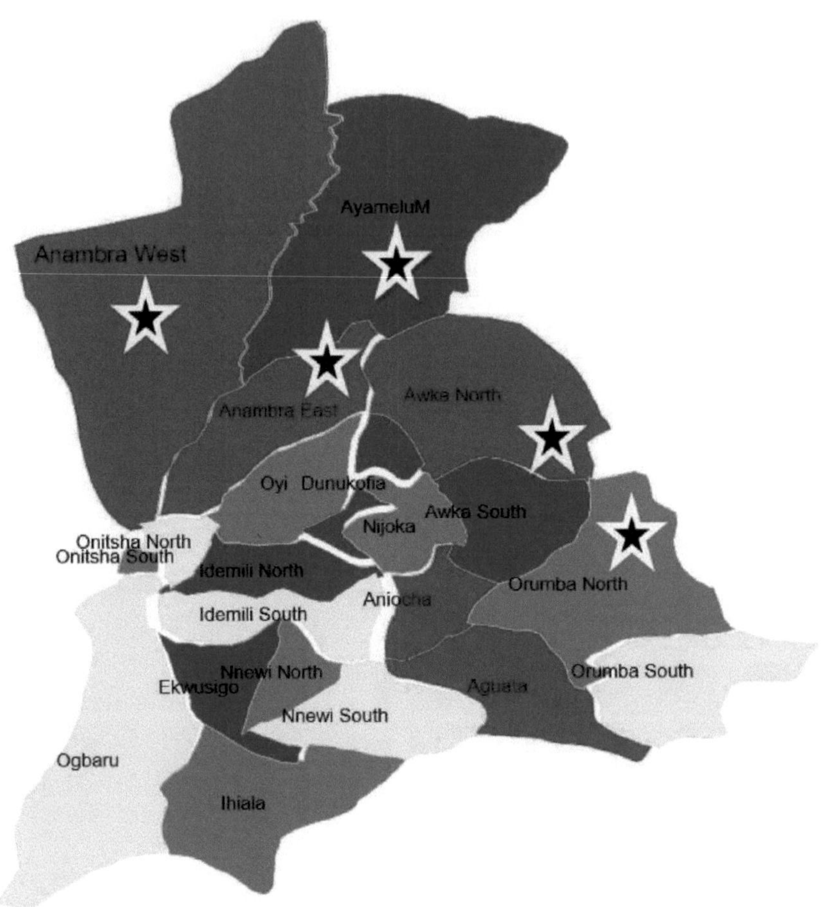

Figura 4: Mapa do Estado de Anambra mostrando as LGAs participantes

Fonte: Programa de Desenvolvimento da Cadeia de Valor do Estado de Anambra

3.2Natureza e fontes de recolha de dados

O estudo adoptou a utilização de dados primários e secundários. Os dados primários foram recolhidos através da administração de questionários, entrevistas a informadores-chave (KI), discussões em grupos de discussão (FGDs), bem como observações através de visitas de campo a algumas áreas governamentais locais que participam no Programa de Desenvolvimento da Cadeia de Valor no Estado de Anambra, Nigéria. Os dados secundários foram obtidos através da revisão do estudo de base, revistas, relatórios, publicações sobre trabalhos de investigação, boletins informativos, Internet e livros.

Antes do início da recolha de dados, o investigador reuniu-se com os enumeradores para lhes dar formação sobre a importância dos objectivos da investigação e explicar as questões da investigação. Foi efectuado um pré-teste em Orumba North LGA, após o qual o questionário foi revisto e corrigido. Realizaram-se reuniões com os grupos de agricultores para obter informações. O investigador conduziu também discussões de grupo e entrevistas a informadores-chave com a ajuda de intérpretes experientes.

3.3Método de recolha de dados

O instrumento de inquérito utilizado foi um questionário com perguntas fechadas e abertas. Foi adoptada uma técnica de amostragem em várias fases. Foram selecionadas aleatoriamente três LGAs das cinco LGAs que participam no Programa de Desenvolvimento da Cadeia de Valor (2 das LGAs do primeiro nível e 1 do segundo nível). A dimensão da amostra foi calculada proporcionalmente ao número de beneficiários em cada local utilizando a calculadora de dimensão da amostra com um nível de confiança de 95%. Foi utilizado um total de 358 inquiridos para o estudo (264 produtores de arroz e 94 produtores de mandioca).

Tabela 3: Quadro de amostragem para as áreas de governo local

LGA	Rice	Cassava	Total
Ayamelum	175	07	182
Anambra East	28	57	85
Awka North	61	30	91
Total	**264**	**94**	**358**

Fonte: Inquérito de campo 2018

3. 4Métodos analíticos

Os dados recolhidos foram codificados e analisados com recurso ao Statistical Package for Social Sciences (SPSS), utilizando estatísticas descritivas sob a forma de percentagens, frequências, pontuações médias, desvio padrão e tabulação cruzada. As percentagens foram especificamente utilizadas para (apresentar informações em tabelas e figuras) analisar as caraterísticas demográficas dos inquiridos, as melhorias no rendimento, os activos físicos e financeiros, o acesso ao mercado e aos serviços sociais e o índice de capacitação dos beneficiários, enquanto as pontuações médias foram utilizadas para analisar a produtividade dos inquiridos.

CAPÍTULO 4

RESULTADOS E DISCUSSÃO

4. 1Características sócio-económicas dos inquiridos

Esta secção apresenta informações sobre a idade, o sexo, o estado civil, o nível de educação e os anos de experiência agrícola dos inquiridos. A informação aqui fornecida foi analisada utilizando a contagem de frequências e a percentagem.

4.1. 1Idade média

A Figura 5 mostra as idades médias dos inquiridos. Os inquiridos do sexo masculino têm idades compreendidas entre os 25 e os 70 anos e a idade média é de 45,5 anos, enquanto as inquiridas do sexo feminino têm idades compreendidas entre os 25 e os 69 anos e a idade média é de 41,8 anos. A idade média de todos os inquiridos é de 43,8 anos, o que implica que os inquiridos se encontram na faixa etária ativa e produtiva. A idade é uma variável demográfica importante porque reflecte a força física, a prontidão e a capacidade de adotar inovações. Verificou-se que a idade determina o grau de atividade e produtividade do indivíduo, o que implica que a maioria dos beneficiários na área estudada são enérgicos e ainda capazes de fazer trabalho manual e pode concluir-se que os beneficiários estão na sua "idade ativa" e, como tal, a probabilidade de sair da pobreza e da insegurança alimentar é elevada.

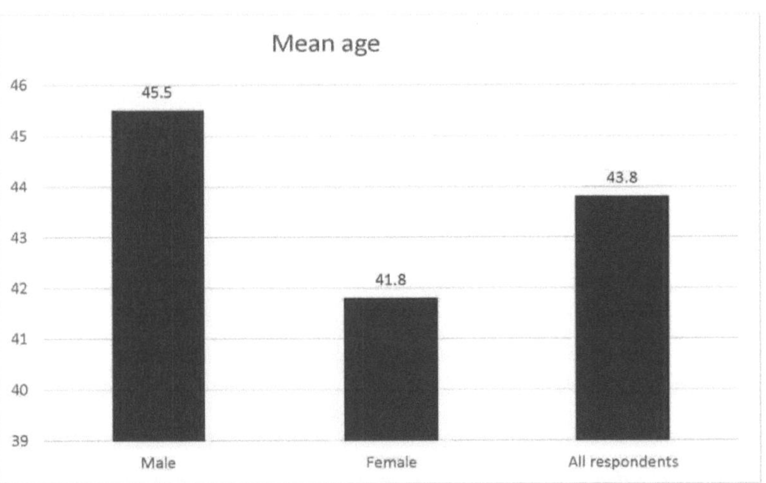

Figura 5: Idade média dos inquiridos

Fonte: Inquérito de campo 2018

4.1.2 : Género dos inquiridos

A Tabela 4 mostra que 53,9% dos beneficiários são do sexo masculino, enquanto 56,1% dos beneficiários são do sexo feminino. Isto mostra que o VCDP inclui o género feminino. Foi incentivada uma maior participação das mulheres na agricultura. Um dos principais objectivos do VCDP é capacitar as populações rurais pobres, especialmente as mulheres, em todas as etapas da cadeia de valor.

Quadro 4: Género dos inquiridos

	Frequency	Percentage
Male	193	53.9
Female	165	46.1
Total	358	100

Fonte: Inquérito de campo 2018

4.1.3Estado civil dos inquiridos

A figura 6 revela que 5% dos beneficiários eram solteiros/nunca se casaram no momento do inquérito. 88,5% dos beneficiários são casados, 1,1% dos beneficiários separaram-se dos seus cônjuges, 0,3% dos beneficiários são divorciados e 5% dos beneficiários são viúvos. Há um registo muito baixo de beneficiários divorciados e separados, o que reforça a ideia de que o casamento, na cultura africana, é uma marca de responsabilidade e também de que as várias confissões religiosas defendem que o casamento é a base do desenvolvimento do agregado familiar.

Figura 6: Estado civil dos inquiridos

Fonte: Inquérito de campo 2018

4.1.4Nível de instrução dos inquiridos

O Quadro 5 revela que a maioria dos inquiridos completou o ensino primário (30,7%) e secundário (49,4%), enquanto 13,4% dos inquiridos completaram o ensino superior. Apenas 6,4% dos inquiridos não têm educação formal.

O nível de educação desempenha um papel significativo no crescimento agrícola e a área estudada indica um elevado nível de literacia entre os inquiridos. O nível de educação pode determinar o nível de oportunidades disponíveis para aumentar a segurança alimentar e reduzir o nível de pobreza. A educação abre a mente do agricultor ao conhecimento. O elevado nível de educação dos agricultores permitir-lhes-á adquirir conhecimentos e competências, adotar novos insumos, como variedades de alto rendimento, fertilizantes químicos, pesticidas e também abraçar os serviços de extensão (Oduro-Ofori et.al, 2015). Por conseguinte, o VCDP é um programa que é relevante para os agricultores rurais visados.

Quadro 5: Nível de instrução dos inquiridos

Highest education level attained	Frequency	Percentage
No formal education	23	6.4
Primary education	110	30.7
Secondary education	177	49.4
Tertiary education	48	13.4
Total	358	100

Fonte: Inquérito de campo 2018

4.1. 5Experiência agrícola dos inquiridos

A figura 7 mostra que 30,4% dos inquiridos têm entre 1-10 anos de experiência agrícola, a maioria (47,2%) dos inquiridos tem entre 11-20 anos de experiência agrícola, 17,6% dos inquiridos tem entre 21-30 anos de experiência agrícola, 4,5% dos inquiridos tem entre 31-40 anos de experiência agrícola e 0,3% dos inquiridos tem mais de 40 anos de experiência agrícola.

A experiência agrícola é importante para a eficiência dos agricultores, para o sucesso do planeamento da sucessão e até para a competitividade dos agricultores nacionais (Bloom & Sousa-Poza, 2013).

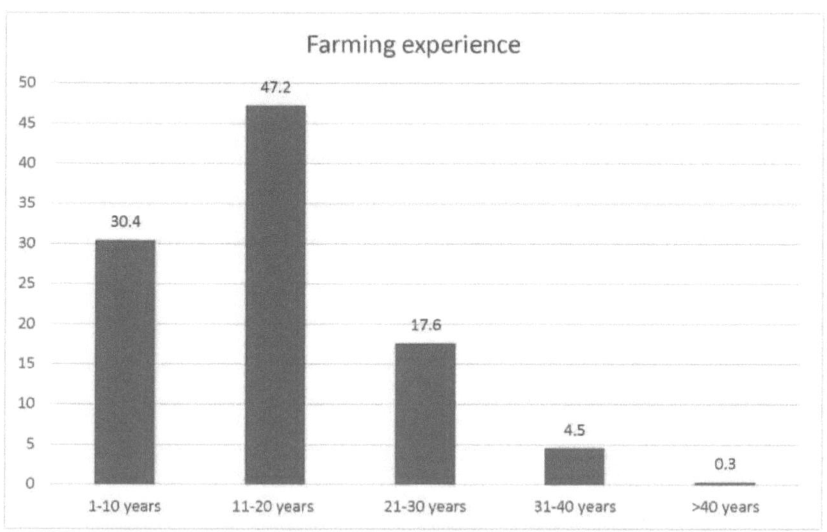

Figura 7: Experiência agrícola dos inquiridos **Fonte: Inquérito de campo 2018**

4.2 Nível de produtividade dos beneficiários

4.2.1 Acesso às entradas

A Figura 8 mostra que 100% dos produtores de arroz têm acesso a uma variedade melhorada de sementes e 100% dos produtores de mandioca têm acesso a uma variedade melhorada de caules. Todos os inquiridos (arroz e mandioca) também têm acesso a fertilizantes. 80,6% dos produtores de arroz têm acesso a pesticidas, enquanto 47,8% dos produtores de mandioca têm acesso a pesticidas. 99,2% dos produtores de arroz têm acesso a herbicidas, enquanto 100% dos produtores de mandioca têm acesso a herbicidas. 76,5% dos produtores de arroz têm acesso a maquinaria agrícola, enquanto apenas 27,6% dos produtores de mandioca têm acesso a maquinaria.

Os factores de produção biológicos, tais como sementes/caules, fertilizantes, pesticidas e herbicidas, e os factores de produção mecânicos, como máquinas e alfaias agrícolas, são muito importantes para a produtividade. O baixo registo de máquinas agrícolas para os produtores de mandioca deve-se ao facto de a maioria deles ainda utilizar mão de obra para a maior parte das suas actividades agrícolas.

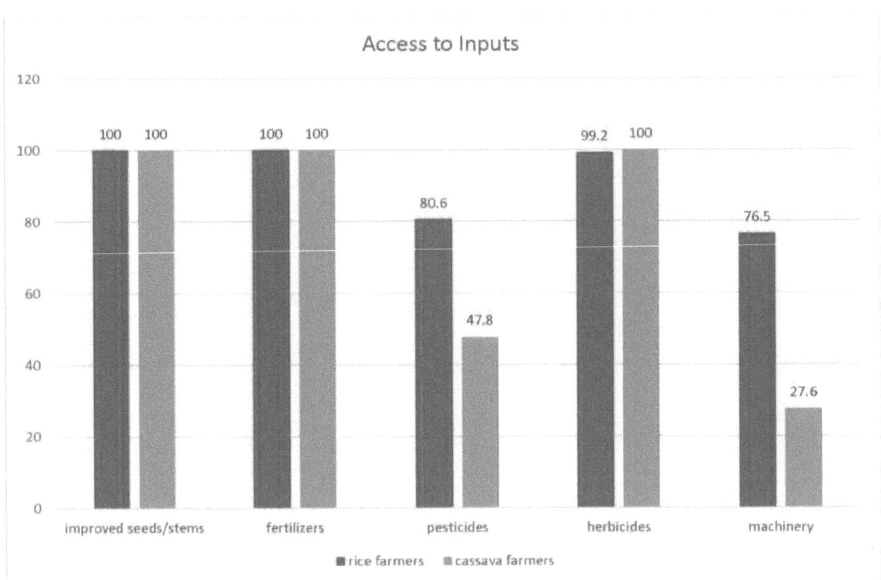

Figura 8: Acesso às entradas
Fonte: Inquérito de campo 2018

4.2.2 Fonte de sementes/caules e fertilizantes melhorados

A Figura 9 mostra que 0,8% dos produtores de arroz obtêm as suas sementes melhoradas de fornecedores comerciais de insumos, 6% obtêm as suas sementes de colegas agricultores e 93,2% obtêm as suas sementes melhoradas de prestadores de serviços (VCDP).

1, 33% dos produtores de arroz obtêm os seus fertilizantes de fornecedores comerciais de factores de produção, 1,5% obtêm os seus fertilizantes de colegas agricultores e 79,2% obtêm os seus fertilizantes de prestadores de serviços (VCDP).

1, 66% dos produtores de arroz que utilizaram pesticidas obtiveram-nos de fornecedores comerciais de factores de produção, 1,4% obtiveram-nos de colegas agricultores e 54,9% obtiveram os seus pesticidas de prestadores de serviços (VCDP).

1, 1% dos produtores de arroz que acederam a herbicidas obtiveram os seus herbicidas de fornecedores comerciais de factores de produção, 1,5% obtiveram os seus herbicidas de colegas agricultores e 92,4% obtiveram os seus herbicidas de prestadores de serviços (VCDP).

1, 5% dos produtores de arroz que utilizaram máquinas agrícolas obtiveram-nas de fornecedores comerciais de factores de produção, 80,2% obtiveram-nas de outros agricultores e 17,3% obtiveram-nas de prestadores de serviços (VCDP).

Os agricultores pagam apenas 50% do preço de retalho pelos insumos adquiridos ao VCDP, o que ajuda a baixar o seu custo de produção. A maioria dos produtores de arroz obteve os seus insumos do VCDP, exceto maquinaria, em que 80,2% obtiveram de outros agricultores.

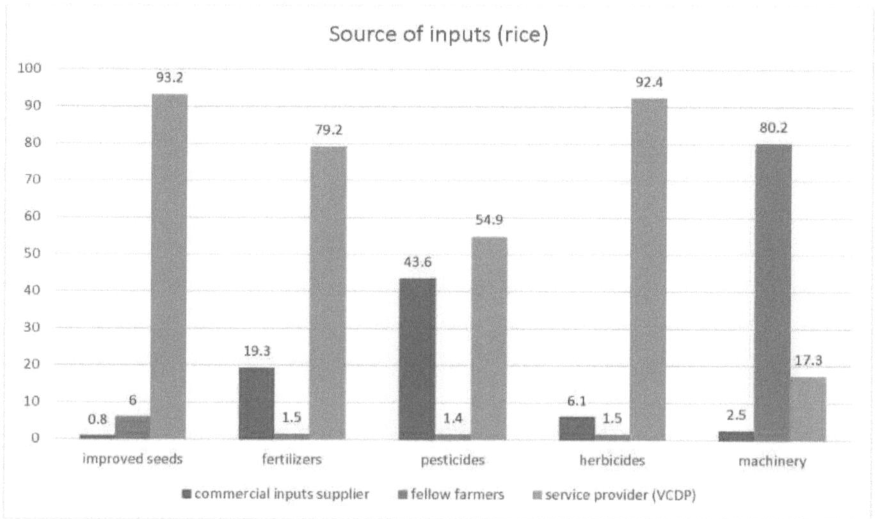

Figura 9: Origem dos factores de produção (arroz)
Fonte: Inquérito de campo 2018

A Figura 10 mostra que 4,3% dos produtores de mandioca obtiveram as suas hastes melhoradas de fornecedores comerciais de insumos, 10,6% obtiveram as suas hastes de outros agricultores e 85,1% obtiveram as suas hastes melhoradas de prestadores de serviços (VCDP).

9, 6% dos produtores de mandioca obtiveram os seus fertilizantes de fornecedores comerciais de factores de produção, 2,1% obtiveram os seus fertilizantes de colegas agricultores e 88,3% obtiveram os seus fertilizantes de prestadores de serviços (VCDP).

9, 77% dos produtores de mandioca que utilizaram pesticidas obtiveram-nos de fornecedores comerciais de factores de produção, 13,3% obtiveram-nos de colegas agricultores e 68,9% obtiveram os seus pesticidas de prestadores de serviços (VCDP).

9, 88% dos produtores de mandioca obtiveram os seus herbicidas de fornecedores comerciais de factores de produção, 6,4% obtiveram os seus herbicidas de colegas agricultores e 79,8% obtiveram os seus herbicidas de prestadores de serviços (VCDP).

9, 99% dos produtores de mandioca que utilizaram máquinas agrícolas obtiveram-nas de fornecedores comerciais de factores de produção, 15,4% obtiveram-nas de colegas agricultores e 57,7% obtiveram as suas máquinas de prestadores de serviços (VCDP).

Os agricultores pagam apenas 50% do preço de retalho pelos insumos adquiridos ao VCDP, o que ajuda a reduzir os seus custos de produção. A maioria dos produtores de mandioca obteve os seus factores de produção através do VCDP. Por conseguinte, o VCDP é um programa relevante para os agricultores rurais visados.

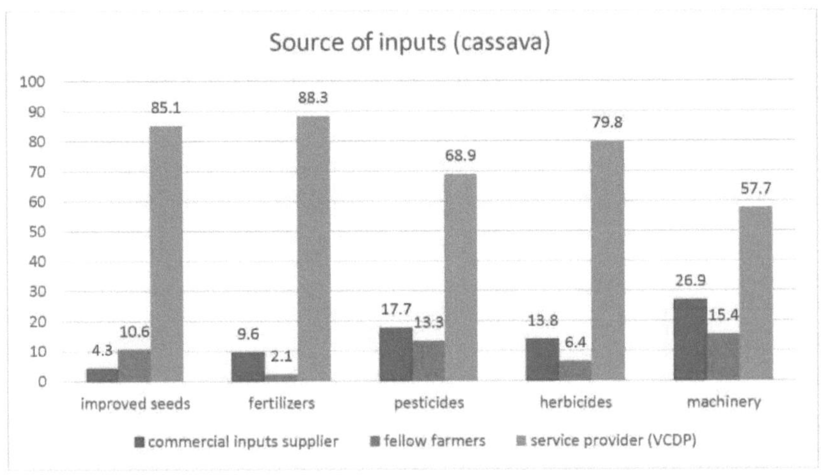

Figura 10: Origem dos factores de produção (mandioca)

Fonte: Inquérito de campo 2018

10.2. 3Quantidade média de entrada

O Quadro 6 mostra que a terra média para o arroz cultivado pelos inquiridos antes do VCDP era de 1,4 hectares, enquanto que no ano passado foi cultivada uma média de 2,7 hectares. A terra média para a mandioca cultivada pelos agricultores antes do VCDP era de 0,7 hectares, enquanto no ano passado foi cultivada uma média de 1,7 hectares.

A utilização de fertilizantes aumentou de 4 sacos (200 kg) para 10,7 sacos (534 kg). A utilização de pesticidas e herbicidas aumentou de 0,9 litros para 2,3 litros e de 4,1 litros para 9,7 litros, respetivamente. A mão de obra (em dias-homem) aumentou de 20,4 para 25,9.

Estas melhorias devem-se aos preços subsidiados dos factores de produção fornecidos pela VCDP.

Quadro 6: Quantidade média dos factores de produção

Inputs	Average Quantity (before VCDP)	Average Quantity (Last year)
Land Cultivated Rice(ha)	1.4	2.7
Land Cultivated Cassava(ha)	0.7	1.7
Fertilizers used (bags)	4	10.7
Pesticides used (ltrs)	0.9	2.3
Herbicides used (ltrs)	4.1	9.7
Labour (in man days)	20.4	25.9

Fonte: Inquérito de campo 2018

4.2.4Rendimento do arroz e da mandioca

A figura 11 mostra o aumento do rendimento do arroz e da mandioca após a intervenção da VCDP. Antes do VCDP, o rendimento médio do arroz era de 2,9 toneladas por hectare e, no ano passado, o rendimento médio do arroz foi de 5,1 toneladas por hectare, enquanto o rendimento médio da mandioca antes do VCDP foi de 9,3 toneladas por hectare e de 17,3 toneladas por hectare no ano passado.

Estas melhorias devem-se ao acesso dos agricultores a factores de produção subsidiados pelo VCDP, tais como sementes/caules melhorados, fertilizantes, herbicidas, pesticidas e também serviços de extensão.

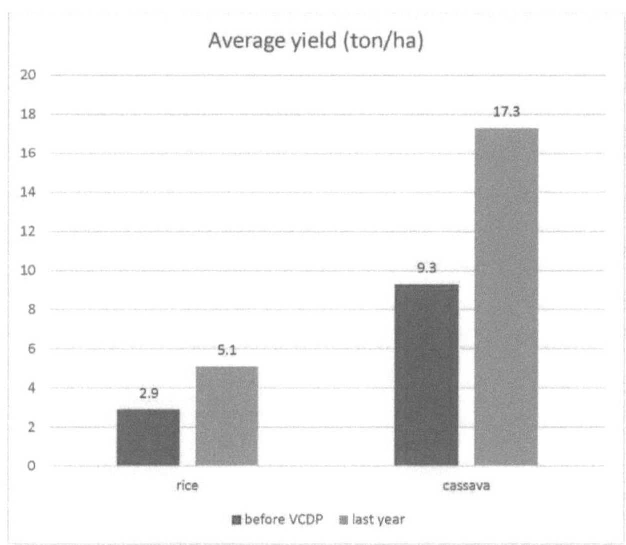

Figura 11: Rendimento do arroz e da mandioca
Fonte: Inquérito de campo 2018

4.3 Nível de rendimento e património físico e financeiro dos beneficiários

4.3.1 Nível de rendimento

A Figura 12 revela que o rendimento médio anual dos produtores de arroz antes da VCDP era de N298.530,00 e N758.583,00 no ano passado, enquanto a média dos produtores de mandioca antes da VCDP era de N243.510,00 e N563.723,00 no ano passado.

O rendimento médio anual de todos os inquiridos antes do VCDP era de N284 083,00 e de N704 469,00 no ano passado.

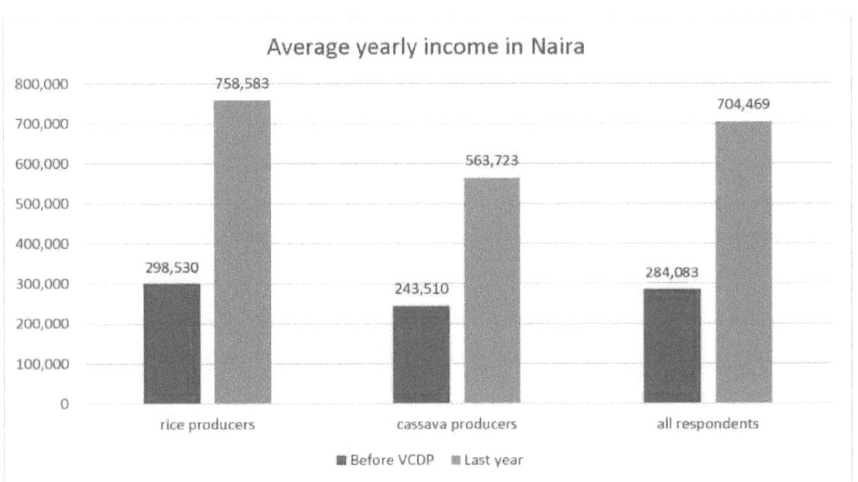

Figura 12: Rendimento médio anual

Fonte: Inquérito de campo 2018

O quadro 7 mostra a percentagem de aumento do rendimento dos beneficiários. Os produtores de arroz registaram um aumento de 170,3% do rendimento, enquanto os produtores de mandioca registaram um aumento de 206,6% do rendimento. Em conjunto, os beneficiários registaram um aumento de 179,8% do rendimento no ano passado.

Quadro 7: Percentagem de aumento do rendimento

	Percentage of increase in income
Rice farmers	170.3
Cassava farmers	206.6
All respondents	179.8

Fonte: Inquérito de campo 2018

4.3.2 Activos físicos e financeiros dos beneficiários

A partir da Tabela 8, é evidente que o VCDP tem um efeito positivo muito forte nos activos físicos e financeiros dos beneficiários. Isto foi estabelecido como resultado de mais de 90% de melhorias registadas no rendimento, nas poupanças do agregado familiar, na obtenção de lucros e nas culturas cultivadas. Mais de 70% de melhorias na qualidade da unidade de habitação, maquinaria agrícola e meios de transporte e mais de 50% de melhorias na dimensão da unidade de habitação, activos comerciais, meios de transporte, dimensão/número de propriedades fundiárias e aparelhos eléctricos dos beneficiários do programa. Apenas num caso não houve registo de uma melhoria de até 50 por cento, e este foi o acesso ao crédito, que registou uma melhoria de 43,2 por cento.

Quadro 8: Activos físicos e financeiros dos beneficiários

Variables (%)	Improving (%)	No change (%)	Worsened (%)	Not applicable (%)
Size of dwelling unit	52	47.8	0.3	0
Quality of dwelling unit	77.4	22.6	0	0
Farm machinery	77.9	17.9	0.3	3.9
Income	99.4	0.6	0	0
Household savings	99.7	0.3	0	0
Access to credit	45.5	38	2.2	14.2
Business assets	62.6	28.2	0.3	8.9
Profit making	100	0	0	0
Means of transport	70.9	21.5	7.5	0
Size/number of landed property owned	59.8	40.2	0	0
Electrical appliances	67	24.9	0.3	7.8
Crops cultivated	98.9	0.8	0	0.3

Fonte: Inquérito de campo 2018

4.4 Acesso ao mercado e aos serviços sociais

4.4.1 Acesso ao mercado

Os resultados do Quadro 9 mostram o efeito do VCDP no acesso dos beneficiários ao mercado. Registaram-se mais de 95% de melhorias no acesso a informações sobre o mercado, serviços de formação e receção de serviços de extensão. Mais de 60% de melhorias no custo do transporte e no acesso às infra-estruturas de mercado. Trata-se de melhorias louváveis. Só no acesso a instalações de armazenamento modernas é que se registou uma melhoria de 38,3%.

Quadro 9: Acesso ao mercado dos beneficiários

Variables (%)	Improving (%)	No change (%)	Worsened (%)	Not applicable (%)
Access to market information	95.5	4.5	0	0
Access modern storage facilities	38.3	58.9	0	2.8
Cost of transportation	64.8	22.9	11.7	0.6
Training services	95.3	4.7	0	0
Receipt of extension services	95	2	3.1	0
Access to market infrastructure	64.5	33.8	0.3	1.4

Fonte: Inquérito de campo 2018

4.4.2 Acesso aos serviços sociais

Os resultados do Quadro 10 mostram o efeito do VCDP no acesso dos beneficiários aos serviços sociais. Registaram-se 99% de melhorias nos meios de informação e comunicação, mais de 80% de melhorias no acesso aos serviços de saúde, ao mercado alimentar e à escola primária/secundária para os seus filhos. Também se registou uma melhoria de mais de 70% no acesso a água potável. A melhoria dos seus rendimentos permitiu-lhes beneficiar de melhores serviços de saúde, de uma educação de qualidade para os seus filhos e de uma melhoria geral do seu bem-estar.

Quadro 10: Acesso dos beneficiários aos serviços sociais

Variables (%)	Improving (%)	No change (%)	Worsened (%)	Not applicable (%)
Access to clean drinking water	72.9	26.3	0	0.8
Access to Primary/Secondary school for your children	83.8	14.2	0	2.0
Means of Information and communication	99.2	0.6	0.3	0
Access to health services	82.7	15.6	0.6	1.1
Access to food market	88	12	0	0

Fonte: Inquérito de campo 2018

4.5Nível de empoderamento dos beneficiários

4.5.1Tomada de decisões de produção

A partir do Quadro 11, é evidente que 81% dos beneficiários masculinos e femininos sentem que têm autonomia na produção. Os poucos que responderam "não" devem-se ao facto de terem de se concentrar numa cultura para satisfazer a procura dos compradores, o que não significa necessariamente que não tenham autonomia, uma vez que tomaram a decisão de negociar com os compradores.

Os beneficiários do sexo masculino e feminino são capacitados em termos de autonomia na produção.

Quadro 11: Decisão sobre o tipo de cultura para consumo e venda no mercado

	Yes		No	
	% within gender	% of total	% within gender	% of total
Male	81.3	43.9	18.7	10.1
Female	81.2	37.4	18.8	8.7

Fonte: Inquérito de campo 2018

O quadro 12 mostra claramente que 82,4% dos homens e 81,8% das mulheres beneficiários participam nas decisões produtivas. A participação nas decisões produtivas é uma parte importante do sentimento de poder.

Quadro 12: Decisões sobre métodos de produção ou técnicas

	Yes		No	
	% within gender	% of total	% within gender	% of total
Male	82.4	44.4	17.6	9.5
Female	81.8	37.7	18.2	8.4

Fonte: Inquérito de campo 2018

4.5.2Acesso aos recursos produtivos

O quadro 13 mostra que 81,3 por cento dos produtores do sexo masculino e 69,7 por cento das produtoras do sexo feminino possuem activos produtivos. Estes activos incluem terra, maquinaria, etc. Os homens inquiridos possuem mais activos do que as mulheres inquiridas. Esta é uma representação típica da propriedade de activos na Nigéria, especialmente nas zonas rurais. O VCDP fornece terra aos beneficiários que não possuem nenhuma para cultivar.

Quadro 13: Propriedade do ativo

	Yes		No	
	% within gender	% of total	% within gender	% of total
Male	81.3	43.9	18.7	10.1
Female	69.7	32.1	30.3	14.0

Fonte: Inquérito de campo 2018

O quadro 14 mostra que 49,7% dos homens inquiridos e 26,7% das mulheres inquiridas têm acesso ao crédito. O acesso ao crédito é um grande problema para os agricultores na Nigéria. O acesso ao crédito torna a tomada de decisões de produção menos stressante para os agricultores. Embora a investigação tenha indicado que os beneficiários do sexo masculino têm mais acesso ao crédito do que as suas homólogas do sexo feminino, apenas 39,1% de todos os inquiridos têm acesso ao crédito, o que é uma percentagem baixa.

Quadro 14: Acesso ao crédito

	Yes		No	
	% within gender	% of total	% within gender	% of total
Male	49.7	26.8	50.3	27.1
Female	26.7	12.3	73.3	33.8

Fonte: Inquérito de campo 2018

O quadro 15 indica que 69,4% dos inquiridos do sexo masculino e 60,6% das inquiridas do sexo feminino tomam decisões sobre o acesso ou não ao crédito. A capacidade de tomar decisões sobre um aspeto importante dos recursos de produção, como o crédito, é relevante para o empoderamento. Os beneficiários do sexo masculino são mais capacitados neste aspeto do que as beneficiárias do sexo feminino.

Quadro 15: Decisões sobre crédito

	Yes		No	
	% within gender	% of total	% within gender	% of total
Male	69.4	37.4	30.6	16.5
Female	60.6	27.9	39.4	18.2

Fonte: Inquérito de campo 2018

4.5.3Controlo da utilização dos rendimentos

O quadro 16 mostra que mais de 99% dos beneficiários, tanto homens como mulheres, têm controlo sobre a utilização do rendimento. Participaram na decisão sobre a utilização do rendimento da produção. Ambos os géneros estão capacitados.

Quadro 16: Participação nos últimos 12 meses na decisão sobre a utilização do rendimento da produção

	Yes		No	
	% within gender	% of total	% within gender	% of total
Male	99.5	53.9	0.5	0.3
Female	99.4	45.8	0.6	0.3

Fonte: Inquérito de campo 2018

A Tabela 17 indica que os inquiridos do sexo masculino (89,6%) têm mais influência na utilização do rendimento do que as inquiridas do sexo feminino (74,4%). Isto deve-se à noção africana de que o homem é o chefe do agregado familiar e, por isso, tem mais influência. É importante notar que as mulheres inquiridas também têm uma percentagem elevada de participação.

Quadro 17: Nível de input na decisão sobre a utilização do rendimento da produção

	Fairly much	Very much
Male % within gender	10.4	89.6
Female % within gender	25.6	74.4

Fonte: Inquérito de campo 2018

4.5. 4Liderança comunitária

A Tabela 18 mostra que uma percentagem mais elevada de inquiridos do sexo masculino (43%) são líderes nos seus vários grupos de produtores, por oposição a 21,8% de líderes do sexo feminino. Na Nigéria, os homens têm mais confiança em posições de liderança do que as mulheres. Os homens têm mais poder do que as mulheres em termos de liderança nas suas comunidades.

Quadro 18: Posição no agrupamento de produtores

	Member		Leader	
	% within gender	% of total	% within gender	% of total
Male	57	30.7	43	23.2
Female	78.2	36.0	21.8	10.1

Fonte: Inquérito de campo 2018

A Tabela 19 indica que 87,6% dos inquiridos do sexo masculino têm um papel importante no processo de tomada de decisões no grupo. 74,5% das mulheres inquiridas também têm um papel importante no processo de tomada de decisões. Isto é impressionante, tendo em conta o facto de apenas 21,8% delas serem líderes no grupo. Embora nem todos possam ser líderes no grupo, é importante ver as mulheres a defenderem-se.

Quadro 19: Contribuição para a tomada de decisões no grupo

	Little input		Much input	
	% within gender	% of total	% within gender	% of total
Male	12.4	6.7	87.6	47.2
Female	25.5	11.7	74.5	34.4

Fonte: Inquérito de campo 2018

A Tabela 20 mostra que 77,7% dos inquiridos do sexo masculino se sentem muito à vontade para falar em público sobre as infra-estruturas a construir na comunidade, enquanto 52,1% das inquiridas do sexo feminino se sentem à vontade.

Quadro 20: Falar em público para ajudar a decidir sobre as infra-estruturas a construir na sua comunidade

	no, not comfortabl e	comfortable, with a great deal of difficulty	comfortable, with a little difficulty	yes, fairly comfortable	yes, very comfortable
Male % within gender	0	0.5	0.5	21.2	77.7
Female % within gender	1.2	1.2	13.9	31.5	52.1

Fonte: Inquérito de campo 2018

O quadro 21 indica que apenas 33,9% das mulheres inquiridas se sentem muito à vontade para falar em público sobre o pagamento adequado dos salários das obras públicas, enquanto 61,1% dos homens inquiridos se sentem muito à vontade para o fazer.

Quadro 21: Falar em público para garantir o pagamento correto dos salários de obras públicas ou outros programas semelhantes

	no, not comfortabl e	comfortable, with a great deal of difficulty	comfortable, with a little difficulty	yes, fairly comfortable	yes, very comfortable
Male % within gender	0.5	1.0	18.1	19.2	61.1
Female % within gender	2.4	4.2	31.5	27.9	33.9

Fonte: Inquérito de campo 2018

O Quadro 22 mostra que apenas 37,6% das mulheres inquiridas se sentem muito à vontade para falar em público para protestar contra o mau comportamento das autoridades ou dos funcionários eleitos, enquanto 60,6% dos homens inquiridos se sentem muito à vontade para o fazer.

Quadro 22: Falar em público para protestar contra o mau comportamento das autoridades ou dos eleitos Funcionários

	no, not comfortable	comfortable, with a great deal of difficulty	comfortable, with a little difficulty	yes, fairly comfortable	yes, very comfortable
Male % within gender	15.5	4.1	4.1	15.5	60.6
Female % within gender	27.3	6.7	9.1	19.4	37.6

Fonte: Inquérito de campo 2018

4.5. 5Atribuição de tempo

O Quadro 23 mostra que nenhum dos inquiridos vai à quinta todos os dias. Isto significa que têm tempo para actividades de lazer.

Quadro 23: Visita/trabalho diário na quinta

	Yes	No
Male	0	100%
Female	0	100%

Fonte: Inquérito de campo 2018

O Quadro 24 indica o número médio de horas gastas pelos inquiridos noutras actividades que não estão relacionadas com a exploração agrícola. Os inquiridos do sexo masculino gastam menos de 30 minutos a cozinhar, enquanto as inquiridas do sexo feminino gastam cerca de 2 horas a cozinhar. Os inquiridos do sexo masculino gastam um pouco mais de uma hora em trabalho doméstico, enquanto as inquiridas do sexo feminino gastam perto de 2 horas em trabalho doméstico. Os inquiridos do sexo masculino gastam menos de uma hora a cuidar de crianças e/ou idosos, enquanto as inquiridas do sexo feminino gastam cerca de 2 horas na mesma atividade. Os inquiridos do sexo masculino gastam 3 horas em actividades sociais, enquanto as inquiridas do sexo feminino gastam 2,4 horas em actividades sociais. Os inquiridos do sexo masculino gastam um pouco mais de uma hora a ir ao mercado, enquanto as inquiridas do sexo feminino gastam cerca de 2 horas a ir ao mercado.

Os beneficiários do sexo feminino, em média, passam mais horas do que os seus homólogos do sexo masculino em todas estas actividades, exceto nas actividades sociais, em que os homens têm mais horas registadas. As mulheres cuidam da casa e são mais prestadoras de cuidados do que os homens. Só nas actividades religiosas é que tanto os homens como as mulheres registaram a mesma média, ou seja, pouco mais de 2 horas.

Tabela 24: Tempo médio (em horas) gasto em actividades

	cooking	Domestic work	Care for children/elderly	Social activities	Religious activities	Market
Male	0.4	1.1	0.7	3.0	2.1	1.2
Female	1.9	1.9	1.8	2.4	2.1	1.9

Fonte: Inquérito de campo 2018

4.6 Resultado da hipótese de investigação

Primeira hipótese

a. Hipótese nula (H0): Não há diferença significativa no nível de rendimento dos beneficiários antes e durante o programa de desenvolvimento da cadeia de valor.

b. Hipótese alternativa (Ha): Existe uma diferença significativa no nível de rendimento dos beneficiários antes e durante o programa de desenvolvimento da cadeia de valor.

Tabela 25: Resultado do teste de amostras emparelhadas 1

		Paired Differences							
		Mean	Std. Deviation	Std. Error Mean	95% Confidence Interval of the Difference		t	df	Sig. (2-tailed)
					Lower	Upper			
Pair 1	average yearly income before VCDP - average yearly income last year	-420385.47486	432335.46863	22849.63952	-465322.28896	-375448.66076	-18.398	357	.000

Quadro 25Fonte : Inquérito de campo 2018

A partir destes resultados, t= -18,40

P é significativo a 0,00, o que implica que o rendimento dos beneficiários no ano passado é muito mais elevado do que antes da intervenção (t= -18,40, df=357, p<0,1).

Por conseguinte, a hipótese alternativa é válida

Hipótese Alternativa (Ha): Existe uma diferença significativa no nível de rendimento dos beneficiários antes e durante o programa de desenvolvimento da cadeia de valor.

Hipótese dois

a. Hipótese nula (H0): Não há diferença significativa no rendimento dos beneficiários antes e durante o programa de desenvolvimento da cadeia de valor.

b. Hipótese alternativa (Ha): Existe uma diferença significativa no rendimento dos beneficiários antes e durante o programa de desenvolvimento da cadeia de valor.

Tabela 26 *Resultado do teste de amostras emparelhadas 2*

		Paired Differences					t	df	Sig. (2-tailed)
		Mean	Std. Deviation	Std. Error Mean	95% Confidence Interval of the Difference				
					Lower	Upper			
Pair 1	rice yield in tonnes per hectare before VCDP - rice yield in tonnes per hectare last year	-2.19811	.73378	.04516	-2.28703	-2.10918	-48.672	263	.000
Pair 2	cassava yield in tonnes per hectare before VCDP - cassava yield in tonnes per hectare last year	-7.98404	3.55937	.36712	-8.71307	-7.25501	-21.748	93	.000

Quadro 26Fonte : Inquérito de campo 2018

A partir destes resultados, t= -48,67 e -21,75

P é significativo a 0,00, o que implica que o rendimento dos beneficiários no ano passado (arroz e mandioca) é muito mais elevado do que antes da intervenção (t= -48,67, df=263, p<0,1), (t= -21,75, df=93, p<0,1).

Por conseguinte, a hipótese alternativa é válida

Hipótese alternativa (Ha): Existe uma diferença significativa no rendimento dos beneficiários antes e durante o programa de desenvolvimento da cadeia de valor.

CAPÍTULO 5

RESUMO, CONCLUSÕES E RECOMENDAÇÕES

5. 1Resumo

O objetivo deste estudo era determinar os efeitos do PCDP nos beneficiários. A metodologia adoptada para o estudo inclui: revisão de estudos de base, utilização de técnicas de investigação qualitativa, tais como entrevistas a informadores-chave, discussões em grupos de discussão, bem como visitas de campo a algumas áreas governamentais locais envolvidas no programa de desenvolvimento da cadeia de valor no Estado de Anambra, Nigéria. As informações foram obtidas através da revisão da literatura e da utilização de técnicas de investigação qualitativa, nomeadamente entrevistas a informadores-chave (IC) e discussões em grupos de discussão (FGD). O estudo foi realizado em três áreas governamentais locais no Estado do Níger, nomeadamente: Awka North L.G.A., Ayamelum L.G.A. e Anambra East L.G.A. Foram utilizados no estudo 358 inquiridos (264 produtores de arroz e 94 produtores de mandioca).

Os resultados da investigação indicam que 53,9% dos inquiridos são do sexo masculino e 56,1% do sexo feminino. A idade média de todos os inquiridos é de 43,8 anos, o que implica que os inquiridos se encontram na faixa etária ativa e produtiva. Cerca de 88,5% dos beneficiários são casados. A maioria dos inquiridos completou o ensino primário (30,7%) e secundário (49,4%), enquanto 13,4% dos inquiridos completaram o ensino superior. Apenas 6,4% dos inquiridos não têm educação formal.

Todos os inquiridos (arroz e mandioca) têm acesso a sementes/variedades de caule e fertilizantes melhorados. A terra média para o arroz cultivado pelos inquiridos antes do VCDP era de 1,4 hectares, enquanto uma média de 2,7 hectares foi cultivada no ano passado. A terra média para a mandioca cultivada pelos agricultores antes do VCDP era de 0,7 hectares, enquanto 1,7 hectares foram cultivados no ano passado.

Antes do VCDP, o rendimento médio do arroz era de 2,9 toneladas por hectare e, no ano passado, o rendimento médio do arroz foi de 5,1 toneladas por hectare, enquanto o rendimento médio da mandioca antes do VCDP era de 9,3 toneladas por hectare e de 17,3 toneladas por hectare no ano passado.

Estas melhorias devem-se ao acesso dos agricultores a factores de produção subsidiados pelo VCDP, tais como sementes/caules melhorados, fertilizantes, herbicidas, pesticidas e também serviços de extensão.

O rendimento médio anual dos produtores de arroz antes do VCDP era de N298 530,00 e N758 583,00 no ano passado, enquanto a média dos produtores de mandioca antes do VCDP era de N243 510,00 e N563 723,00 no ano passado. O rendimento médio anual de todos os inquiridos antes do VCDP era de 284 083 euros e de 704 469 euros no ano passado.

Foram registadas mais de 90% de melhorias no rendimento, nas poupanças do agregado familiar, na obtenção de lucros e nas culturas cultivadas. Mais de 70% de melhorias na qualidade da unidade de habitação, nas máquinas agrícolas e nos meios de transporte e mais de 50% de melhorias na dimensão da unidade de habitação, nos activos comerciais, nos meios de transporte, na dimensão/número de propriedades fundiárias e nos aparelhos eléctricos dos beneficiários do programa.

Registaram-se mais de 95% de melhorias no acesso à informação sobre o mercado, aos serviços de formação e à receção de serviços de extensão. Mais de 60 por cento de melhorias no custo do transporte e no acesso às infra-estruturas de mercado

A partir dos resultados, pode dizer-se que o VCDP teve um efeito importante no aumento da produtividade dos agricultores. Este facto também irá aliviar a pobreza e concretizar a visão do governo para o desenvolvimento agrícola. Do mesmo modo, o nível de vida dos beneficiários melhorou através da aquisição de bens como motas, carros, máquinas agrícolas e investimentos. O aumento dos fluxos de tesouraria das famílias permitiu um pagamento mais fácil das propinas escolares das crianças, um melhor acesso a tratamento médico e uma melhor participação no processo de tomada de decisões a nível comunitário.

No entanto, o programa teve algumas deficiências, como atestam os inquiridos. Alguns dos beneficiários lamentaram a entrega intempestiva dos factores de produção, o facto de o centro de resgate dos factores de produção se situar demasiado longe dos beneficiários e a divulgação intempestiva de informações. Os beneficiários também se queixaram do curto período de resgate e, sem acesso ao crédito, o prazo de resgate fecha demasiado depressa para alguns agricultores. Outro problema é o número limitado de hectares que os agricultores podem cultivar com o apoio do VCDP. Não obstante, é de notar também que o VCDP está apenas no seu terceiro ano de execução e que esta intervenção produziu resultados muito prometedores.

5. 2Conclusão

As conclusões do estudo identificaram as caraterísticas sócio-demográficas dos beneficiários na área de estudo, nomeadamente: idade, sexo, estado civil, nível de educação, experiência agrícola e dimensão da terra.

O nível de produtividade dos agricultores melhorou em resultado do seu envolvimento com o VCDP e estes conseguiram pagar a sua parte da subvenção correspondente, tendo alguns pago com a ajuda de compradores. O nível de rendimento e os activos físicos e financeiros dos agricultores também melhoraram. As melhorias incluem a dimensão da unidade de habitação, a qualidade da unidade de habitação, a maquinaria agrícola, o rendimento, as poupanças do agregado familiar, os activos comerciais, a obtenção de lucros, os meios de transporte, a dimensão/número de propriedades fundiárias, os aparelhos eléctricos e as culturas cultivadas. O acesso dos agricultores ao mercado melhorou, nomeadamente no que se refere ao acesso à informação sobre o mercado, ao acesso a instalações de armazenamento modernas, aos serviços de formação, à receção de serviços de extensão e ao acesso a infra-estruturas de mercado. O acesso dos agricultores aos serviços sociais também melhorou devido à sua participação no programa. Foram registadas melhorias no acesso à água potável, aos serviços de saúde, ao mercado alimentar e aos meios de informação e comunicação.

No entanto, o estudo revelou que a falta de acesso ao crédito, as más estradas de acesso e a entrega tardia de factores de produção são obstáculos que dificultam o desenvolvimento do VCDP no Estado de Anambra.

5. 3Recomendações

Com base nas conclusões, são formuladas as seguintes recomendações:

a. Acesso ao crédito

Nunca é demais sublinhar a importância do acesso ao crédito na produção agrícola. Embora o VCDP forneça insumos aos agricultores a uma taxa subsidiada, o acesso ao crédito ajudará ainda mais os agricultores a fornecer a sua metade da subvenção correspondente e a participar plenamente nos vários processos produtivos.

b. Entrega atempada dos factores de produção

A entrega atempada de insumos ajudará a aumentar a produtividade. Até à data desta investigação, que foi em maio de 2018, os insumos para a época agrícola não tinham sido entregues aos beneficiários. Sugeriram que a entrega dos insumos fosse feita em janeiro ou fevereiro, para que pudessem planear melhor a época agrícola.

c. Centros de resgate e vias de acesso

A criação de mais centros de resgate contribuirá para a distribuição de factores de produção. Os agricultores de Awka North LGA lamentaram especialmente o facto de o centro de resgate se encontrar demasiado longe deles. Sugeriram a criação de, pelo menos, mais um centro de redenção na zona administrativa local. A construção de mais estradas de acesso também reduzirá os custos de transporte.

d. Participação dos jovens

A participação dos jovens deve ser incentivada através da sensibilização e da organização de acções de formação, seminários, workshops e simpósios. Incentivar a participação dos jovens na agricultura contribuirá para a prossecução de uma economia autossuficiente e também para reduzir a taxa de desemprego no Estado de Anambra e na Nigéria em geral.

REFERÊNCIAS

Adams, R.H e J. Paje, 2003. Impact of International Migration and Remittances on Poverty, A Paper Presented at the DFI/WB Conference on Migrant Remittance London Pp.: 9-10.

Adeniji, A.A., Ega, L.A., Akoroda, M.O., Adeniyi, A.A., Ugwu, B.O., & Balogun, A.D., 2005. Cassava Development in Nigeria (Desenvolvimento da mandioca na Nigéria). Departamento de Agricultura do Ministério Federal da Agricultura e dos Recursos Naturais da Nigéria.

AfDB-IFAD, 2010. Towards Purposeful Partnerships in African Agriculture. Avaliação conjunta do BAD e do FIDA sobre a agricultura e o desenvolvimento rural em África. Túnis: BAD-IFAD.

Centro Africano do Arroz (AfricaRice), 2011. Impulsionar o Setor do Arroz em África: Uma estratégia de investigação para o desenvolvimento 2011-2020. Cotonou, Benim: pp. 47.

Akinyosoye, V.O. 2005. Governo e agricultura na Nigéria: Analysis of policies, progarmmes and administration (Análise de políticas, programas e administração). Mcmillian Nigéria. 598 pp.

Alkire, S., R. Meinzen-Dick, A. Peterman, A. R. Quisumbing, G. Seymour e A. Vaz, 2013. The Women's Empowerment in Agriculture Index, World Development 52: 71-91.

Alston, J. M., J. M. Beddow e P.G. Pardey, 2009. Agricultural Research, Productivity, and Food Prices in the Long Run. A recent summary of the evidence. Science 325 (4): 1209-1210.

ANSVCDP, 2018. Relatório de Revisão Intercalar (De 1 de janeiro a 31 de dezembro de 2017).

Auraujo, B., C. G. Chambas, e J. P. Foirry, 1997. Consequences de l'ajustement des finances publiques sur l'agriculture marocaine et tunisienne. Estudo não publicado da FAO, março.

Bloom, D.E. e A. Sousa-Poza. 2013. Ageing and productivity: Introduction. Labour Economics 22: 1-4.

Cardno, 2017, O desenvolvimento agrícola como um papel fundamental na segurança alimentar e no desenvolvimento económico da maior parte da população mundial nas zonas rurais.

CBN/NISER. 1992. O impacto do PAE na agricultura e na vida rural da Nigéria. The Nation Report vol.1. Page Publishers Service Ltd. 130 pp.

ECG (Evaluation Cooperation Group), 2011. Lições de avaliação para a agricultura e o agronegócio. Documento n° 3. Banco Mundial, Washington, DC.

Emodi, A.I e Madukwe, M.C., 2008. A review of policies, acts and initiatives in rice innovation system in Nigeria. Journal of Agricultural Extension, 12 (2), pp. 76-83 pp 76-83.

Emodi, A.I. e M. U. Dimelu, 2012. Estratégias para melhorar o sistema de inovação do arroz no sudeste da Nigéria. British Journal of Management & Economics 2(1): 1-12.

Evenson, R. E. e J. J. W. McKinsey, 1991. Research, Extension, Infrastructure, and productivity change in Indian agriculture. Em R.E. Evenson e C.E. Pray, eds. Research and productivity in Asian agriculture, p. 158-

184. Ithaca, EUA, Cornell University Press.

FAF (Factos e Números sobre o Estado de Anambra). 2011 Ed. Gabinete de Estatística do Estado, Comissão de Planeamento do Estado de Anambra.

Falusi, A.O. 2007. Políticas e estratégias governamentais actuais para a agricultura e o desenvolvimento rural na Nigéria. Texto de uma palestra apresentada no seminário de formação sobre princípios básicos de gestão agrícola, março de 2007. Realizado no Supreme Management Hall, Ibadan, Nigéria. Pp. 15.

Governo Federal da Nigéria (FGN). 2001. Nova política agrícola. Ministério Federal da Agricultura e do Desenvolvimento Rural, Abuja, Nigéria. 41 pp

G. Kennedy, B. Burlingame e N. Nguyen, 2002. Nutrient impact assessment of rice in major rice-consuming countries (Avaliação do impacto do arroz sobre os nutrientes nos principais países consumidores de arroz). Boletim informativo da Comissão Internacional do Arroz (FAO).

Giller, K. E., E. Witter, M. Corbeels e P. Tittonell. 2009. Conservation Agriculture and Smallholder farming in Africa: The heretics' view. Field Crops Research, 114(1), 23-34.

Giovanni, E., J. Hall, e M.M. d'Ercole, 2009. Measuring well-being and social progress. 26 pp.

GTZ (Agência Alemã de Cooperação Técnica), 2008. Manual ValueLinks - A Metodologia de Promoção da Cadeia de Valor. Reimpressão da primeira edição revista, janeiro de 2008.

Idiong, C.I., Damian, J.A., Susan, B.O., 2006. Análise comparativa da eficiência técnica no sistema de produção de arroz de pântano e de terras altas no estado de Cross River, Nigéria. Actas da Associação de Gestão Agrícola da Nigéria (FAMAN). 18-21 de setembro de 2006, Jos, Estado de Plateau, pp. 30-38.

IEG (2010). Growth and Productivity in Agriculture and Agribusiness: Evaluative Lessons from World Bank Group Experience (Lições de avaliação da experiência do Grupo Banco Mundial). Washington, DC: Banco Mundial.

O FIDA vai financiar o programa da cadeia de valor para ligar os pequenos agricultores aos mercados na Nigéria www.ifad.org/newsroom/press release/past/tags/y2012/1901910

FIDA, 2012. Desenvolvimento agrícola: Programa de desenvolvimento da cadeia de valor https://www.ifad.org/web/operations/project/id/1594/country/nigeria

IFPRI, 2012. Portal de segurança alimentar: Nigéria http://www.foodsecurityportal.org/nigeria/resources

Fundo Internacional para o Desenvolvimento Agrícola (FIDA), 2013. Improving Young Rural Women's and Men's Livelihoods - The most sustainable means of moving to a brigter future. Revisão do artigo publicado no Boletim Informativo do Centro para o Alívio da Pobreza através da Agricultura Sustentável (CAPSA). Vol 31. No 1. abril de 2014, pp 9.

Lachaal, L., 1994. Subsidies, Endogenous Technical Efficiency and the Measurement of Production Growth

(Subsídios, Eficiência Técnica Endógena e Medição do Crescimento da Produção). Journal of Agriculture and Applied Economics, 26(1): 299-310.

Maji, A.T., Ukwungwu, M.N., Danbaba, N., Abo, M.E., & Bakare, S.O., 2007. Rice: History, Research and Development in Nigeria (História, Investigação e Desenvolvimento na Nigéria). Ronab Graphix Print, Bida, Nigéria. Pp1-10.

Meethal R.E., 2012. Cadeias de valor e desenvolvimento de pequenas empresas: Theory and Praxis. American Journal of Industrial and Business Management, 2013, 3, 28-35 http://dx.doi.org/10.4236/ajibm.2013.31004

Momoh, S., 2009. Preços do arroz elevados na Nigéria, mas os preços globais estão a cair: Dia útil. http://www.businessdayonline.com/index.php.option=com content&view

Mozumdar, L., 2012. Agricultural productivity and food security in the developing world, Bangladesh Journal of Agric. Econs. XXXV, 1&2 53-69.

Dados da Nigéria, Banco Mundial, disponíveis em: http://data.worldbank.org/country/nigeria

Norton, R., 2014. Cadeias de valor agrícola: A Game Changer for Smallholders https://www.devex.com/news/agricultural-value-chains-a-game-changer-for-small-holders-83981

Nwachukwu, I., 2008. Planning and evaluation of agricultural and rural development project (Planeamento e avaliação de projectos de desenvolvimento agrícola e rural). Lambhouse publishers. p. 1-6.

Oduro-Ofori, E., Aboagye, A.P., e Acquaye Naa Aku, E., 2015. Efeitos da educação na produtividade agrícola dos agricultores no município de Offinso. Revista Internacional de Investigação para o Desenvolvimento 4(9), pp. 1951-1960.

Okoruwa, V.O. e O.A. Oni, 2002. Agricultural inputs and farmers' welfare in Nigeria (Insumos agrícolas e bem-estar dos agricultores na Nigéria). In: F.
Okunmadewa (Ed), Poverty reduction and the Nigeria agricultural sector. Pp 7-16.

Olaniyi E., 2011. A insegurança alimentar: Implicações para a Nigéria e o mundo em geral http://olaniyievans.blogspot.com.ng/2011/06/food-insecurity-implications-for.html

Olayide, O.E. & Alabi, T., 2018. Entre a precipitação e a pobreza alimentar: avaliação da vulnerabilidade às alterações climáticas numa economia agrícola. Journal of Cleaner Production, 198, 1-10.

Omorogiuwa, O., J. Zivkovic, F. Ademoh, 2014. O papel do desenvolvimento agrícola no crescimento económico da Nigéria. Revista Científica Europeia 10(4).

Oyekale, A.S. 2008. Um sistema de procura quase ideal (SIDA) para a procura de terras florestais e agrícolas na Nigéria. Jornal de Ciências Sociais do Paquistão 5(8):813-819.

Pardey, P. G. e J. M. Alston, 2010. U.S. Agricultural Research in a Global Food Security Setting [Investigação Agrícola dos EUA num Contexto de Segurança Alimentar Global]. A Report of the CSIS Task Force on Food Security [Relatório da Força-Tarefa do CSIS sobre Segurança Alimentar]. Centro de Estudos Estratégicos e

Internacionais, Washington, DC.

Actas do fórum de validação da estratégia global de desenvolvimento da mandioca Volume 2: Uma análise da mandioca em África com estudos de caso nacionais sobre a Nigéria, o Gana, a República Unida da Tanzânia, o Uganda e o Benim 2015.

Quartey P., 2005. The Impact of Migrant Remittances on Households Welfare Ghana (O Impacto das Remessas dos Migrantes no Bem-Estar dos Agregados Familiares), Universidade de Legon. Um documento apresentado ao Consórcio de Recursos Económicos Africanos (AERC) Nairobi, Quénia.

Ravallion M., 2001. Measuring Aggregate Welfare in Development Countries. How well do National Accounts and Surveys Agree, p. 1-25.

Researchclue.com, 2013. O impacto do desenvolvimento agrícola no crescimento económico da Nigéria.

Ricepedia, a autoridade em linha sobre o arroz: Programa de investigação sobre o arroz do CGIAR (Grupo Consultivo para a Investigação Agrícola Internacional)

Udemezue J.C. e Osegbue E.G., 2018. Teorias e modelos de desenvolvimento agrícola, Annals of Reviews and Research: Artigo de Pesquisa Volume 1 Edição 5 - abril de 2018.

Ukoha, O.O, Mejeha, R.O. e Nte, I.N., 2007. Determinants of Farmers Welfare in Ebonyi State, Nigeria (Determinantes do bem-estar dos agricultores no Estado de Ebonyi, Nigéria). Jornal de Ciências Sociais do Paquistão 4 (3):351-354.

Departamento de Agricultura dos Estados Unidos e Serviço Agrícola Estrangeiro USDAFAS. (2003). Resumo dos produtos da Nigéria - arroz. Relatório Gain N13026...

Programa de Desenvolvimento da Cadeia de Valor (VCDP), 2015. http://vcdpnigeria.org/

Wiebe, K., 2003. Linking Land Quality, Agricultural Productivity, and Food Security. Resource Economics Division, Economic Research Service, U.S. Department of Agriculture. Agricultural Economic Report No.: 823.

Zepeda, L., 2001. Investimento agrícola, capacidade de produção e produtividade. Em L. Zepeda, eds. "Agricultural Investment and productivity in Developing Countries". Documento de Desenvolvimento Económico e Social da FAO: 148.

Apêndice 1

Questionário

UNIVERSIDADE DE IBADAN

CENTRO DE DESENVOLVIMENTO SUSTENTÁVEL

EFEITO DO PROGRAMA DE DESENVOLVIMENTO DA CADEIA DE VALOR DO IFAD NO BEM-ESTAR DOS PEQUENOS PRODUTORES DE ARROZ E MANDIOCA NO ESTADO DE ANAMBRA, NIGÉRIA

Introdução

ID do questionário: _____

Este questionário tem por objetivo avaliar o efeito do Programa de Desenvolvimento da Cadeia de Valor (PDVC) do FIDA no bem-estar dos produtores (arroz e mandioca) em três (3) Conselhos Governamentais Locais (Ayamelum, Anambra East e Awka North) do Estado de Anambra. Este questionário destina-se, por conseguinte, a obter informações dos beneficiários do programa sobre eventuais alterações introduzidas pelo programa. Todas as informações obtidas serão tratadas com estrita confidencialidade. Obrigado pela vossa colaboração.

Posição GPS: Latitude ____________________ Longitude ________________ Altitude ________ (metros)

Secção A: Caraterísticas socioeconómicas e demográficas dos inquiridos

Serial No.	Variables	Responses	Code
1	Name of farmer's organization	Name	
2	Local Government Area	Name	
3	Community/Cluster	Name	
4	Age of respondent (years)		
5	Gender	Male Female	[1] [2]
6	Marital status	Single/never married Married Separated Divorced Widowed	[1] [2] [3] [4] [5]
7	Household size	Number of people in household	[ ]
8	Highest education level attained	No formal education Primary Secondary Tertiary	[1] [2] [3] [4]
9	Farm size (in hectares)	________	
10	Years of experience in farming	1-10 11-20 21-30 31-40 >40	[1] [2] [3] [4] [5]
11	Type of crop enterprise	Rice Cassava	[1] [2]
12	Years of planting current variety		

Secção B: Produtividade

B1: Entradas acedidas e fonte

Inputs accessed Tick (Multiple Responses Allowed)	**Yes**	**No**	**Source** Pick options (1= Off-taker/ buyer 2= Commercial inputs supplier 3= Fellow farmers 4= Service providers)
1. Improved Seeds/ stems			
2. Fertilizers			
3. Pesticides			
4. Herbicides			
5. Machinery (threshers, tillers, etc.)			
6. Others (specify)			

B2: Quantidade de entrada

Inputs	**Quantity (before VCDP)**	**Quantity (Last year)**
1. Land Cultivated Rice(ha)		
2. Land Cultivated Cassava(ha)		
3. Fertilizers used (kg)		
4. Pesticides used (ltrs)		
5. Herbicides used (ltrs)		
5. Labour (in man days)		

B3: Rendimento

Output	**Yield before VCDP (ton/ha)**	**Yield last year (ton/ha)**
Rice		
Cassava		

Secção C: Rendimento dos agricultores, activos físicos e activos financeiros

C1. Por favor, indique o seu rendimento devido à sua participação no programa da cadeia de valor do FIDA

Variable	Before VCDP	Last Year
Average Yearly Income in naira		

C2. Por favor, classifique a melhoria na propriedade/acesso a activos físicos e financeiros, conforme listado na tabela abaixo, no ano anterior, devido à sua participação no programa da cadeia de valor do FIDA

Variable	Improving (3)	No change (2)	Worsened (1)	Not applicable (0)
1. Size/number of landed property owned				
2. Size of dwelling unit				
3. Quality of dwelling unit				
4. Means of transport				
5. Electrical appliances				
6. Hectares of land under irrigation				
7. Hectares of land under improved management				
8. Crops cultivated				
9. Livestock water points				
10. Harvesting system				
11. Farm machinery				
12. Income				
13. Household savings				
14. Access to credit				
15. Business assets				
16. Profit making				

Secção D: Acesso ao mercado e aos serviços sociais

D1: Por favor, indique as mudanças nos seguintes aspectos como resultado da sua participação no programa da cadeia de valor do FIDA no ano anterior

Variable	**Improving** (3)	**No change** (2)	**Worsened** (1)	**Not applicable** (0)
1. Access to market infrastructure				
2. Access modern storage facilities				
3. Improved input supply (fertiliser, credit, etc.)				
4. Cost of transportation				
5. Access to market information				
6. Training services				
7. Dissemination of improved processing techniques				
8. Receipt of extension services				

D2: Por favor, indique as mudanças nos seguintes aspectos como resultado da sua participação no programa da cadeia de valor do FIDA no ano anterior

Variable	**Improving** (3)	**No change** (2)	**Worsened** (1)	**Not applicable** (0)
1. Access to clean drinking water				
2. Access to food market				
3. Access to Primary/Secondary school for your children				
4. Access to health services				
5. Means of Information and communication				

Secção E: Índice de empoderamento

Tomada de decisões de produção

1) Está autorizado a cultivar qualquer tipo de cultura para consumo e venda no mercado? Sim ( ) Não ( )
2) Em caso afirmativo no ponto 1, quantos tipos de culturas (especificar)?

3) Em caso de resposta negativa ao ponto 1, porquê?

4) É-lhe permitido tomar decisões sobre métodos ou técnicas de produção? Sim ( ) Não ( ) **Acesso a recursos produtivos**

5) É proprietário de algum bem? Sim ( ) Não ( )

6) Em caso afirmativo na pergunta 5 supra, que tipo de activos possui? Por favor, especifique

7) Como foi adquirido o bem? Compra ( ) Herdado ( )

8) Tem acesso a crédito? Sim ( ) Não ( )

9) Toma decisões sobre crédito? Sim ( ) Não ( )

Controlo da utilização dos rendimentos

10) Participou nos últimos 12 meses na decisão sobre a utilização dos rendimentos da produção? Sim ( ) Não ( )

11) Em caso afirmativo, qual foi o seu grau de participação? Muito ( ) Bastante ( )

12. Quando são tomadas decisões sobre o uso da renda gerada para a família, quem normalmente toma a decisão? Homem principal ou marido ( ) Mulher principal ou esposa ( ) Marido e esposa em conjunto ( ) Outra pessoa do agregado familiar ( ) Em conjunto com alguém do agregado familiar ( ) Alguém fora do agregado familiar ( ) O agregado familiar não se envolve na atividade ( )

13) Até que ponto sente que pode ser dono da sua decisão relativamente ao controlo da utilização dos rendimentos? Alto grau ( ) médio grau ( ) pequeno grau ( ) nenhum ( )

Afetação do tempo (carga de trabalho e lazer)

14) Especificar a hora a que acorda

	Wake-up time
Weekdays	
Weekends	

15) Vai à quinta todos os dias? Sim ( ) Não ( )

16) Nos dias em que não vai à quinta, quando é que acorda? _______________

17. **Assinale as actividades que pratica nos dias em que não vai à quinta (múltiplo respostas permitidas)**

Activities	Average time use (in hours)
Cooking	
Domestic work(including fetching wood and water)	
Care for children/Adults/Elderly	
Social activities, watching TV and hobbies	
Religious activities	
Going to Market	
Others specify	

Liderança comunitária: Participação em grupos e falar em público

18. é membro de algum dos grupos abaixo indicados?

Group categories	Yes	No	What is your position in the group? (leader or member)
Agricultural and Livestock group			
Credit or microfinance group			
Mutual help or insurance group			
Trade and business association			
Religious group			
Producers group			
Political group			
Others, Please specify:			

19. se não for membro de nenhum dos grupos acima referidos, indique o motivo

20) Qual o seu grau de participação na tomada de decisões do grupo? Muita participação ( ) Pouca participação ( ) Nenhuma participação ( )

21. Por favor, escolha uma opção de entre as opções do quadro de respostas

Variables	Response	Response options/instructions
1. Do you feel comfortable speaking up in public to help decide on infrastructure (like small wells, roads, water supplies) to be built in your community?		Yes, very comfortable______4 Yes, fairly comfortable_______3 Comfortable, with a little difficulty____2 Comfortable, with a great deal of difficulty_______1 No, not comfortable________0
2. Do you feel comfortable speaking up in public in to ensure proper payment of wages for public works or other similar programs?		
3. Do you feel comfortable speaking up in public to protest the misbehavior of authorities or elected officers?		

Nome do Enumerador ____________________

Assinatura e data ________________________

Apêndice 2

Análise dos objectivos

S/N	Objectives	Data Collection	Data Required	Analytic Technique
1	To evaluate the productivity level of beneficiaries	Use of structured questionnaires and interviews, project data	Information on inputs (land area cultivated, fertilizer use, etc.), outputs (crop production in kg), and labour	Frequencies, percentages, charts, cross tabulation and correlation test
2	To assess the level of income and physical and financial assets of beneficiaries	Use of structured questionnaires and interviews	Information on income, physical and financial assets	Frequencies and percentages, chi square.
3	To evaluate beneficiaries' access to market and social services	Use of structured questionnaires and focus group discussions	Information on access to social services	Frequencies, percentages, charts, cross tabulation, ranking index
4	To determine the level of empowerment of beneficiaries	Use of structured questionnaires	Empowerment domains (production, resource, income, time leadership)	Descriptive statistics (frequency count, tables and charts) and Women Empowerment in Agriculture Index (WEAI)

Printed by Books on Demand GmbH, Norderstedt / Germany